大数据系列丛书

NoSQL 数据库技术

张元鸣 编著

U0252287

清華大学出版社

北　京

内 容 简 介

本书全面系统地介绍 NoSQL 数据库的原理、方法和技术。全书共 7 章,主要内容包括 NoSQL 数据库概述、键值数据库与 Redis 实例、文档数据库与 MongoDB 实例、列族数据库与 Cassandra 实例、图数据库与 Neo4j 实例、图数据科学算法等和 NoSQL 数据库的安装。

本书既可作为普通高校数据科学与大数据技术、软件工程、计算机科学与技术等相关专业的 NoSQL 数据库技术课程教材,也可作为高职院校相关课程的教材和参考书,还可供大数据技术领域的科技人员参考。

图书在版编目(CIP)数据

NoSQL 数据库技术/张元鸣编著. —北京:清华大学出版社,2023.1
(大数据系列丛书)
ISBN 978-7-302-62586-5

Ⅰ.①N… Ⅱ.①张… Ⅲ.①关系数据库系统 Ⅳ.①TP311.132.3

中国国家版本馆 CIP 数据核字(2023)第 022146 号

责任编辑:张　玥　常建丽
封面设计:常雪影
责任校对:胡伟民
责任印制:刘海龙

出版发行:清华大学出版社
　　　　网　　址:http://www.tup.com.cn,http://www.wqbook.com
　　　　地　　址:北京清华大学学研大厦 A 座　　　　　　　邮　　编:100084
　　　　社 总 机:010-83470000　　　　　　　　　　　　　邮　　购:010-62786544
　　　　投稿与读者服务:010-62776969,c-service@tup.tsinghua.edu.cn
　　　　质量反馈:010-62772015,zhiliang@tup.tsinghua.edu.cn
　　　　课件下载:http://www.tup.com.cn,010-83470236
印 装 者:三河市君旺印务有限公司
经　　销:全国新华书店
开　　本:185mm×260mm　　　　　　**印　张:**14.5　　　　　　**字　数:**362 千字
版　　次:2023 年 2 月第 1 版　　　　　　　　　　　　　**印　次:**2023 年 2 月第 1 次印刷
定　　价:49.80 元

产品编号:094090-01

前 言

PREFACE

大数据时代,传统的关系数据库已经难以满足互联网环境下高扩展、高性能、高灵活等新的数据处理业务需求,人们开始开发新一代数据库技术以存储、处理和分析海量数据。非关系数据库应运而生,它是键值数据库、文档数据库、列族数据库和图数据库等新一代数据库的统称,已经成为大数据技术的重要研究方向,在互联网领域具有广泛的应用,是大数据领域的关键技术之一。

我国许多高校开设了"NoSQL 数据库技术"或"非关系数据库"相关课程,然而已有的教材和书籍大多侧重单一技术的介绍,缺乏对 NoSQL 数据库技术全面和系统的介绍,缺乏实用性,难以满足课堂教学需求。因此,在近几年讲授 NoSQL 数据库技术课程的基础上,决定组织编写一本关于 NoSQL 数据库技术方面的实用教材。

本书全面系统地阐述了 NoSQL 数据库技术的基本原理、基本方法和基本技术。全书共 7 章。第 1 章绪论,详细介绍数据管理的概念和发展历史、传统数据模型、NoSQL 数据库产生的原因、分布式数据库基本原理、NoSQL 数据库类型和适用领域等内容,引导读者理解数据库技术发展的脉络,掌握基础性理论和方法。第 2 章键值数据库,详细介绍键值数据模型、键的设计与分区、值的类型与结构化、Redis 键值数据库、应用实例等内容。第 3 章文档数据库,详细介绍文档及其描述方法、集合及其结构、文档关系建模、文档数据分区、MongoDB 查询语言等内容。第 4 章列族数据库,详细介绍列族数据模型、Cassandra 集群架构、Cassandra 查询语言和应用实例等内容。第 5 章图数据库,详细介绍图的基本概念、图数据模型、Neo4j 特点、Neo4j 查询语言和应用实例等内容。第 6 章图数据科学(GDS)算法库,在介绍 GDS 基本概念的基础上,详细介绍路径查找、中心度、社区发现、节点相似度、链接预测、节点嵌入等算法的概念、特点和使用方法。第 7 章 NoSQL 数据库的安装,详细介绍在 Docker 容器上安装 Redis 键值数据库、MongoDB 文档数据库、Cassandra 列族数据库和 Neo4j 图数据库的步骤和方法,搭建 NoSQL 数据库上机实验环境。

本书既可作为普通高校数据科学与大数据技术、软件工程、计算机科学与技术等相关专业的 NoSQL 数据库技术课程教材,也可作为高职院校相关课程的教材和参考书,还可供大数据技术领域的科技人员参考。本书计划教学 48 学时(含 8 次上机学时),各章内容相对独立,教师根据学时安排有侧重地选择部分课程内容讲授,仍可保证课程体系的完整性。本书配有 PPT 教学课件,可供教学时参考。

由于作者水平有限,加之 NoSQL 数据库技术发展迅速,书中可能存在不足和错误,恳请各位读者提出宝贵意见。作者的电子邮箱地址是 zym@zjut.edu.cn。感谢为本书各章编程和绘图做出贡献的课题组研究生,感谢为本书出版的编辑人员、审校人员和其他工作人员。

作　者

2022 年 6 月

目 录

CONTENTS

第 1 章　绪论 ……………………………………………………………………………………… 1

1.1　数据管理概念 ………………………………………………………………………… 1

1.2　数据管理发展历史 …………………………………………………………………… 1

　　1.2.1　人工管理阶段 ………………………………………………………………… 1

　　1.2.2　文件系统管理阶段 …………………………………………………………… 2

　　1.2.3　数据库管理阶段 ……………………………………………………………… 3

　　1.2.4　大数据管理阶段 ……………………………………………………………… 4

1.3　传统数据模型 ………………………………………………………………………… 5

　　1.3.1　层次数据模型 ………………………………………………………………… 6

　　1.3.2　网状数据模型 ………………………………………………………………… 6

　　1.3.3　关系数据模型 ………………………………………………………………… 6

1.4　NoSQL 数据库产生的原因 …………………………………………………………… 8

　　1.4.1　NoSQL 数据库的产生背景 …………………………………………………… 8

　　1.4.2　NoSQL 数据库的特点 ………………………………………………………… 9

1.5　分布式数据库基本原理 ……………………………………………………………… 10

　　1.5.1　基本概念 ……………………………………………………………………… 10

　　1.5.2　CAP 定理 ……………………………………………………………………… 15

　　1.5.3　ACID 特性 ……………………………………………………………………… 15

　　1.5.4　BASE 原理 ……………………………………………………………………… 16

1.6　NoSQL 数据库类型 …………………………………………………………………… 16

　　1.6.1　键值数据库 …………………………………………………………………… 16

　　1.6.2　文档数据库 …………………………………………………………………… 17

　　1.6.3　列族数据库 …………………………………………………………………… 19

　　1.6.4　图数据库 ……………………………………………………………………… 20

1.7　NoSQL 数据库选取 …………………………………………………………………… 22

1.8　本章小结 ……………………………………………………………………………… 23

1.9　习题 …………………………………………………………………………………… 23

第 2 章　键值数据库 …………………………………………………………………………… 24

2.1　键值数据模型 ………………………………………………………………………… 24

　　2.1.1　关联数组 ……………………………………………………………………… 24

2.1.2　命名空间 ·· 25

2.2　键的设计与分区 ··· 25

　　2.2.1　键名设计 ·· 25

　　2.2.2　键的分区 ·· 26

　　2.2.3　键存活时间 ··· 28

2.3　值的类型与结构化 ·· 28

　　2.3.1　值的类型 ·· 28

　　2.3.2　值的结构化 ··· 29

　　2.3.3　值的查询限制 ··· 29

2.4　键值数据库的特点 ·· 29

2.5　Redis 键值数据库 ·· 30

　　2.5.1　Redis 概述 ·· 30

　　2.5.2　键操作命令 ··· 31

　　2.5.3　字符串命令 ··· 33

　　2.5.4　哈希表命令 ··· 38

　　2.5.5　列表命令 ·· 42

　　2.5.6　集合命令 ·· 47

　　2.5.7　有序集合命令 ··· 50

　　2.5.8　事务定义命令 ··· 54

2.6　应用实例 ··· 54

2.7　本章小结 ··· 57

2.8　习题 ··· 57

第 3 章　文档数据库 ·· 58

3.1　文档及其描述方法 ·· 58

　　3.1.1　文档概念 ·· 58

　　3.1.2　文档描述 ·· 59

3.2　集合及其结构 ·· 60

　　3.2.1　集合概念 ·· 60

　　3.2.2　集合结构 ·· 61

　　3.2.3　无模式数据库 ··· 62

3.3　文档关系建模 ·· 62

　　3.3.1　一对多的文档关系 ··· 62

　　3.3.2　多对多的文档关系 ··· 63

3.4　文档数据分区 ·· 64

　　3.4.1　文档垂直分区 ··· 64

　　3.4.2　文档水平分区 ··· 64

3.5　MongoDB 数据库 ·· 65

　　3.5.1　概述 ·· 65

　　　　3.5.2　数据库管理 ··· 67

　　　　3.5.3　集合管理 ·· 68

　　　　3.5.4　文档管理 ·· 69

　　　　3.5.5　文档查询 ·· 73

　　　　3.5.6　文档聚合 ·· 77

　　　　3.5.7　文档索引 ·· 82

　　　　3.5.8　嵌入高级语言 ·· 84

　　3.6　应用实例 ··· 85

　　3.7　本章小结 ··· 86

　　3.8　习题 ··· 87

第 4 章　列族数据库 ··· 88

　　4.1　列族数据模型 ··· 88

　　　　4.1.1　列 ·· 88

　　　　4.1.2　超列 ·· 88

　　　　4.1.3　列族与行键 ·· 88

　　　　4.1.4　键空间 ·· 90

　　4.2　Cassandra 集群架构 ·· 90

　　　　4.2.1　Cassandra 特点 ·· 90

　　　　4.2.2　集群对等网络 ·· 91

　　　　4.2.3　节点通信协议 ·· 91

　　　　4.2.4　提交日志机制 ·· 92

　　　　4.2.5　数据复制策略 ·· 92

　　4.3　Cassandra 查询语言 ·· 93

　　　　4.3.1　键空间定义 ·· 94

　　　　4.3.2　列族(表)定义 ·· 95

　　　　4.3.3　数据更新 ·· 99

　　　　4.3.4　数据查询 ··· 100

　　　　4.3.5　集合数据类型 ·· 100

　　　　4.3.6　索引定义 ··· 102

　　　　4.3.7　数据排序 ··· 103

　　　　4.3.8　聚合函数 ··· 104

　　4.4　应用实例 ·· 105

　　4.5　本章小结 ·· 106

　　4.6　习题 ·· 107

第 5 章　图数据库 ·· 109

　　5.1　图的基本概念 ·· 109

　　　　5.1.1　节点 ··· 109

5.1.2 边 109

5.1.3 路径 110

5.1.4 遍历 111

5.2 图数据模型 111

5.2.1 属性图模型 112

5.2.2 三元组模型 113

5.2.3 超图模型 113

5.3 Neo4j 概述 114

5.3.1 特点 114

5.3.2 免索引邻接 114

5.3.3 存储结构 115

5.4 Neo4j 查询语言 117

5.4.1 写语句 118

5.4.2 读语句 126

5.4.3 通用语句 129

5.4.4 各类函数 133

5.4.5 创建索引 138

5.4.6 模式定义 139

5.4.7 创建约束 141

5.5 应用实例 142

5.6 本章小结 145

5.7 习题 145

第 6 章 图数据科学算法库 146

6.1 图数据科学算法库概述 146

6.1.1 图结构可视化 147

6.1.2 命名图创建 148

6.1.3 内存资源估算 150

6.1.4 算法执行模式 151

6.2 路径查找算法 152

6.2.1 Dijkstra Source-Target 算法 152

6.2.2 Dijkstra Single-Source 算法 154

6.2.3 A* 算法 155

6.2.4 Yen's 算法 158

6.3 中心度算法 161

6.3.1 PageRank 算法 161

6.3.2 Article Rank 算法 166

6.3.3 Betweenness Centrality 算法 167

6.4 社区发现算法 171

　　　　6.4.1　Louvain 算法 ·· 171

　　　　6.4.2　Label Propagation 算法 ··· 176

　　　　6.4.3　Weakly Connected Components 算法 ······················ 179

　　6.5　节点相似度算法 ·· 181

　　　　6.5.1　Node Similarity 算法 ·· 182

　　　　6.5.2　K-Nearest Neighbors 算法 ··· 185

　　6.6　链接预测算法 ·· 187

　　　　6.6.1　Adamic Adar 算法 ··· 188

　　　　6.6.2　Common Neighbors 算法 ·· 189

　　　　6.6.3　Same Community 算法 ·· 190

　　6.7　节点嵌入算法 ·· 192

　　　　6.7.1　FastRP 算法 ··· 192

　　　　6.7.2　GraphSAGE 算法 ·· 196

　　　　6.7.3　Node2Vec 算法 ·· 200

　　6.8　本章小结 ·· 202

　　6.9　习题 ·· 202

第 7 章　NoSQL 数据库的安装 ··· 204

　　7.1　安装 Docker 容器 ·· 204

　　　　7.1.1　Docker 容器概念 ··· 204

　　　　7.1.2　在 Linux 上安装 Docker ·· 205

　　　　7.1.3　在 Windows 上安装 Docker ··· 207

　　7.2　安装 Redis 键值数据库 ··· 210

　　7.3　安装 MongoDB 文档数据库 ··· 212

　　7.4　安装 Cassandra 列族数据库 ·· 215

　　7.5　安装 Neo4j 图数据库 ·· 216

参考文献 ·· 219

绪　论

　　自计算机发明以来,人们就面临如何在计算机上管理数据的问题。从技术发展的历史进程看,数据管理先后主要经历了人工管理、文件系统管理、数据库管理以及当前的大数据管理四个阶段。数据管理技术是计算机领域较活跃的研究方向之一,该技术的不断进步使得计算机在各个领域得到深入而广泛的应用,实现了数据管理的信息化和智能化。

　　本章将主要介绍数据管理概念、数据管理发展历史、传统数据模型以及非关系(Not only SQL,NoSQL)数据库产生的原因,这些内容有助于深入理解 NoSQL 数据库技术。在此基础上,着重介绍分布式数据库基本理论,包括 CAP 原理、ACID 特性和 BASI 原理等,这些理论为 NoSQL 数据库提供了底层技术支撑。最后,概要介绍四种常用的 NoSQL 数据库及其代表性系统。

1.1　数据管理概念

　　数据(Data)是描述客观事物属性或性质的符号。最常见的数据就是数值,如 10,20,38.7 等,除此之外,文字、图形、图像、声音、语音、视频等也是重要的数据类别。一般地,从计算机管理的角度,数据是指经过数字化处理存入计算机的符号。

　　数据管理(Data Management)是利用计算机硬件和软件对数据进行的一系列处理过程,包括收集、分类、组织、编码、存储、处理和应用等,这些操作是数据管理的基本过程,而其中的数据处理(Data Processing)是数据管理的重要组成部分,其任务是从数据中挖掘出有价值和有意义的信息,以支撑特定的应用,发挥数据的作用。

　　信息(Information)是人们对客观事物的存在方式、状态以及事物间联系的抽象。从计算机数据管理的角度看,信息是数据处理的结果,而数据是信息的符号表示或载体。一个高效而又方便的数据管理技术将有力提升数据处理的效率。在应用需求推动下,人们在不同时期提出了不同的数据管理技术。

1.2　数据管理发展历史

　　本节将从历史发展的角度梳理数据管理发展的各个阶段,以明晰数据管理的发展脉络。数据管理技术主要经历了人工管理、文件系统管理、数据库管理和大数据管理四个阶段。

1.2.1　人工管理阶段

　　20 世纪 50 年代以前,计算机主要用于科学计算,数据管理非常简单。在这一阶段,通过大量的穿孔卡片进行数据处理,其运行结果在纸上打印出来或者制成新的穿孔卡片。数据管理的任务就是对所有这些穿孔卡片进行物理的存储和处理。图 1-1 是通过穿孔卡片管理数据的示意图。在这种情况下,用户针对某个特定的求解问题,首先确定求解的算法;然后利用计算机系统所提供的编程语言,直接编写相关的计算机程序;最后将程序和记载有数据的卡片通过输入设备送入计算机,计算机处理完之后输出所需的结果。不同的用户针对不同的求解问题,均要编写各自的求解程序,整理各自程序所需的数据,数据的管理完全由用户负责。

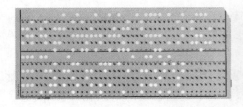 

图 1-1　通过穿孔卡片管理数据

受限于当时的计算机硬件条件,人工管理阶段具有以下特点。

(1) 数据与程序不具有独立性。数据由程序自行携带,程序严重依赖数据。如果数据类型、格式,或者数据量、存取方法、输入/输出方式等发生变化,程序就要做出相应修改。

(2) 数据无法存储。数据存储无法存储在计算机上,没有统一的数据管理软件,数据的存储结构、存取方式、输入/输出方式等都由应用程序处理,给用户编程增加了很大的负担,并且效率较低。

(3) 数据不能共享。由于数据面向应用程序,因此一个程序携带的数据,在程序运行结束后与程序一起退出计算机系统;如果别的程序想共享该程序的数据,只能重新组织;程序和数据之间是一一对应的,经常会出现大量冗余的数据。

1.2.2　文件系统管理阶段

20 世纪 50 年代后期至 60 年代中期,计算机硬件具备了磁盘、磁鼓等直接存储设备,数据能够以文件的形式存储并有效管理起来。实际上,这一时期的主要特点是计算机系统配置了操作系统,而操作系统核心功能之一就是文件系统(File System),其任务是实现文件的逻辑组织(文件格式)和物理组织(磁盘管理),对文件进行存储、检索、共享和保护,图 1-2 是通过文件系统管理数据的示意图。

用户通过文件系统能够方便、有效地管理数据,该阶段具有以下显著特征。

(1) 数据可以长期保存。数据以文件的形式长期保存在存储设备(如硬盘、软盘、光盘等)上,根据用户需求可以重复使用数据。

(2) 数据文件格式多样化。文件能够以顺序文件、索引文件、随机文件等多种格式保存数据,为数据的查找、修改、插入和删除提供便利。需要注意的是,尽管单个文件是有一定结构的,但是文件之间是无结构的。

(3) 文件系统管理数据。文件系统对存储设备的空间进行组织和分配,负责文件存储并对存入的文件进行保护和检索,为用户提供了写入、读取、修改、转储、控制和删除等文件操作方法。

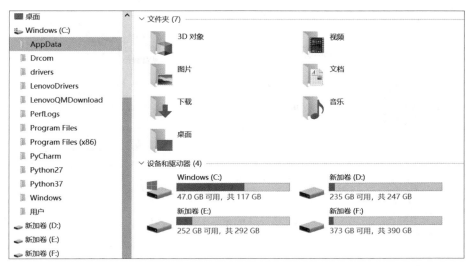

图 1-2   通过文件系统管理数据

文件系统管理数据的不足之处在于数据冗余较大、数据独立性差和数据之间联系较弱。一份数据可能在多个文件中同时保存,数据与应用程序之间耦合紧密。

1.2.3   数据库管理阶段

随着计算机广泛应用于商业领域,其处理的数据量也越来越大,人们发现将数据存储于文件已经无法满足对数据的处理需求。如通过文件系统难以在多个用户之间进行数据共享,文件系统难以实现数据整体的结构化,文件系统存在大量的数据冗余,也难以保证各个文件存储数据的一致性等,这些问题让人们开始期望开发一种统一管理数据的软件系统,由此诞生了数据库系统(Database System,DBS)。DBS 使数据独立于应用程序而集中管理,实现了数据共享,减少了数据冗余,提高了数据的效益,并且在数据间建立了联系,从而能反映出现实世界中信息的联系。

数据库管理系统(Database Management System,DBMS)是数据库系统的核心软件,它是一种操纵和管理数据库的基础性软件,具有数据定义、数据操作、数据存储、数据维护、通信等功能,并保证了数据库的安全性和完整性。图 1-3 给出了一个数据库系统示例,各类数据都存储在数据库中,实现数据的整体结构化。

由于早期的数据体量较小、用户数量小,因而数据库管理系统主要围绕如何将数据进行结构化而展开,先后出现了层次数据库、网状数据库和关系数据库,这三类数据库都属于结构化数据库,目的在于将某一领域的数据结构化,减少数据冗余,提高数据的独立性以及对事务的处理能力。

数据库的诞生和发展给计算机信息管理带来了巨大变革,已经成为政府部门、企事业单位乃至个人工作和生活中的基础性软件,用来支撑信息管理、办公自动化、决策支持系统和数据挖掘等各种应用,可以说数据库技术既是一个较为传统的学科,又是一个充满活力的学科。在当前乃至未来的"数字经济"中,数据库技术必将发挥重要作用。

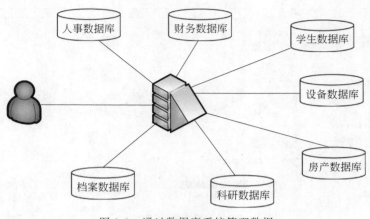

图 1-3　通过数据库系统管理数据

1.2.4　大数据管理阶段

随着互联网和移动计算的迅速发展,大量基于互联网的 Web 应用迅猛发展,对人们的日常生活、社会的组织结构以及生产关系形态和生产力发展水平产生了深刻的影响,也使得数据规模呈爆炸性增长。近年来,大数据(Big Data)成为新的研究热点,这标志着数据管理进入一个新的阶段。一般认为,大数据具有四个特征,即规模大(Volume)、变化快(Velocity)、种类多(Variety)和价值密度低(Value),简称为 4V 特征。

(1) 数据规模大:指数据体量很大,例如,在社交媒体应用中,基于图数据模型的用户关系数据,节点数量高达几亿。

(2) 数据变化快:指数据实时到达,并且数据一经处理,除非进行存储,否则很难再次获取,在金融应用、网络监控、社交媒体等诸多行业领域,都会产生这类变化极快的数据。

(3) 数据种类多:数据种类包括结构化数据、半结构化数据和非结构化数据。结构化的数据一般指保存在层次数据库、网状数据库和关系数据库中的数据,数据具有固定的结构。半结构化一般是以 XML、RDF、JSON 等格式保存的数据,具有隐含的模式信息、结构不规则,缺乏严格的类型约束等。非结构化数据是指以文档的方式保存的文本数据,如 Word 文档、PDF 文档等格式,对该类数据的处理较为复杂,在自然语言处理领域研究较多。

(4) 价值密度低:由于数据体量非常大,内容不聚焦,因此单一的数据价值含量较低。但是,在大量的数据中却可能蕴含着有价值的信息,对人们具有重要意义。

为了对大数据进行有效管理,针对不同的数据管理和应用需求,人们提出了新的数据库技术(如 NoSQL 数据库技术)、面向批处理的大数据处理技术(如 MapReduce 框架)、面向流处理的大数据处理技术(如 storm 框架)、面向内存计算的大数据处理技术(如 Spark 框架)等。

图 1-4 给出了基于 MapReduce 框架的大数据并行处理过程。MapReduce 是目前工业界和学术界公认最为有效和最易于使用的大数据并行处理框架。MapReduce 框架的设计理念是隐藏并行执行的细节,用户只需要思考如何对数据进行处理,整个处理过程划分成映射(Map)操作与化简(Reduce)操作,Map 操作对集合中的每个元素都执行同一个操作,在 Mapper 端实现,又称为 Map 函数;Reduce 操作遍历集合中的元素,返回一个汇总结果,在

Reducer 端实现,又称为 Reduce 函数。MapReduce 通过编组分布式服务器的方式,管理系统各模块之间的通信和数据传输,同时还能完成任务的自动并行化设计,将许多涉及系统底层复杂的细节(如分布式存储、容错处理等)交由系统本身处理,以减少开发者的工作量。

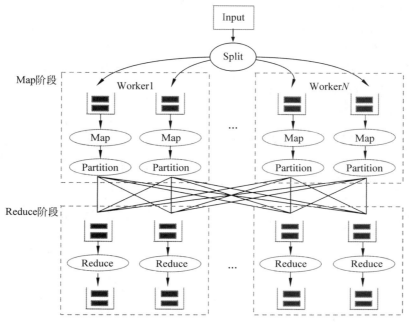

图 1-4　基于 MapReduce 框架的大数据并行处理过程

1.3　传统数据模型

数据模型主要描述数据存储结构、操作方法和约束规则,是数据库技术的核心概念。根据数据模型应用的层次,可以将数据模型进一步分为概念数据模型、逻辑数据模型和物理数据模型。

(1) 概念数据模型:用来描述某一范围内的事物及其事物之间的概念化结构,一般面向系统分析员,用来分析数据和数据之间的关系。常见的概念数据模型是实体联系(ER)模型,该模型通过实体和联系两个概念描述事物及事物之间的联系。

(2) 逻辑数据模型:也称为结构数据模型,用来描述数据存储的逻辑结构,一般面向数据库设计人员,将概念数据模型转换为某个数据库支持的逻辑结构。常见的结构数据模型主要包括层次数据模型、网状数据模型和关系数据模型等。

(3) 物理数据模型:用来描述数据存储的物理结构,即逻辑结构的物理实现,一般是数据库管理系统开发者需要考虑的问题,与具体的数据库管理系统密切相关,主要解决数据及其联系的物理实现。

在数据模型的三个类型中,逻辑数据模型是核心。为此,为了简化描述,在本书中除非特别指出,数据模型即逻辑数据模型。为此,本节概要介绍传统的数据模型,为更好地理解 NoSQL 数据库所采用的数据模型奠定基础。

1.3.1　层次数据模型

层次数据模型是最早应用于商业数据库管理系统的数据模型,大约出现在 20 世纪 60 年代末,它的数据结构本质上是树状结构,其特点如下。

(1) 数据结构中有且只有一个节点没有双亲节点,这个节点称为根节点。

(2) 除根节点以外的其他节点,有且只有一个双亲节点。

图 1-5 给出了一个层次数据模型示例,其中的节点表示实体,节点间的有向边表示实体间的联系,每个节点(除根节点外)只有一个父节点。

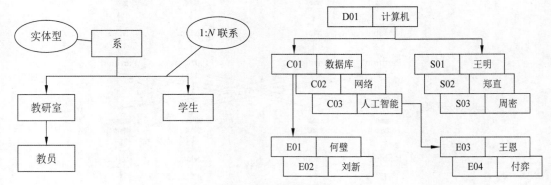

图 1-5　层次数据模型

层次数据模型很容易表达现实世界中实体间的层次关系,主要是一对一联系和一对多联系,具有结构简单且清晰、查询效率高的优点。比较典型的层次数据库是 1968 年 IBM 公司研制成功的 IMS(Information Management System)数据库。

1.3.2　网状数据模型

层次数据模型由于不能建模多对多的联系,因此对现实世界的描述存在比较大的局限性。于是,人们进一步提出网状数据模型,其特点如下。

(1) 允许一个以上的节点没有双亲节点。

(2) 一个节点可以有多个双亲节点。

图 1-6 给出了一个网状数据模型示例,其中网络节点表示实体,节点间的有向边表示实体间的联系,每个节点可以有多个双亲节点。

层次结构实际上是网状结构的一个特例,因此一般将层次模型和网状模型看作同一类数据模型,同属第一代数据库。这类数据库的优点是存取效率高,性能好;但缺点也很明显,即数据之间的存储对程序员不透明,必须熟悉存取路径才能进行数据操作,因而操作语言复杂,不易掌握。比较典型的网状数据库的代表是美国数据库系统语言协会(CODASYL)在 20 世纪 70 年代提出的 DBTG(Data Base Task Group)数据库系统。

1.3.3　关系数据模型

关系数据库是当前较流行的数据库,自 20 世纪 80 年代提出以来,被广泛采用,目前主

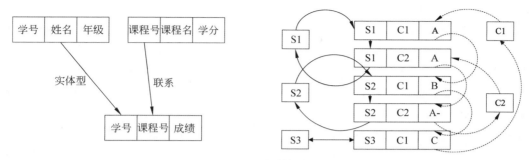

图 1-6　网状数据模型

流数据库管理系统几乎都属于关系数据库,因而目前所说的结构化数据库一般指关系数据库。关系数据模型的数据结构形式上是一张二维表格,称为关系(基本表),实体以及实体间的各种联系均用关系表示。图 1-7 是一个教务数据库,该数据库包括 5 个关系,其中 3 个关系存储教师、课程和学生的信息,另外 2 个关系存储任课信息和选课信息。

Sno	Sname	Ssex	Sage	College
S01	张利	女	22	信息学院
S02	王芳	女	20	信息学院
S03	范诚欣	女	19	计算机学院
S04	李铭	男	21	计算机学院
S05	黄佳宇	男	21	理学院
S06	仇星星	男	22	理学院

(a) Studentinfo 关系

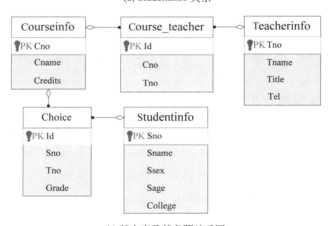

(b) 基本表及其参照关系图

图 1-7　关系数据模型

在关系数据库的早期,对数据的操作通常使用"代数方式"或"逻辑方式"表示,分别称为"关系代数"和"关系演算"。关系代数是用关系的运算表达查询要求。关系演算是用谓词表达查询要求。关系演算又可分为元组关系演算和域关系演算。关系代数、元组关系演算和域关系演算三种查询语言具备等价的表达能力。

1974 年,Boyce 和 Chamberlin 提出了结构化查询语言(Structured Query Language,SQL),并首先在 IBM 公司研制的关系数据库系统 SystemR 上实现,由于它具有功能丰富、使用方便灵活、语言简洁易学等突出的优点,因此深受计算机工业界和计算机用户欢迎。1980 年 10 月,经美国国家标准学会(ANSI)的数据库委员会批准,将 SQL 作为关系数据库语言的美国标准,不久,国际标准化组织(ISO)将 SQL 作为国际标准。SQL 具有数据定义、数据查询、数据操纵和数据控制四方面功能,能够定义数据库、基本表、视图、索引等各类对象,实现数据库的各类查询,实现数据的插入、删除和修改操作,对用户数据库访问权限进行有效控制,以保证系统的安全性。由于 SQL 已经成为关系数据库的标准操作语言,因此关系数据库也称为 SQL 数据库,目前公司或单位内部构建的数据库大多都采用 SQL 数据库,其主要优点如下:

(1) 数据模型简单:无论实体还是实体间的联系,均用关系模型表达,且能够表达一对一、一对多和多对多联系。

(2) 数学理论基础坚实:以关系代数为理论基础,能够实现复杂的查询和更新操作。

(3) 操作语言易学:采用说明性语言,不需要程序员了解数据存取的具体路径,简化了用户的编程难度,便于使用。

正是由于具有上述优点,目前主流的数据库大都是关系数据库。普遍使用的有 MySQL、DB2、Oracle、SQL Server 以及 GaussDB 等数据库管理系统。MySQL 数据库是由瑞典 MySQL AB 公司 1994 年开始研发的一个开源数据库系统,其具备处理速度快、可靠性高和适应性强等特点;DB2 数据库由 IBM 公司开发,可以运行于多种操作系统上;Oracle 数据库是由甲骨文公司研发的一种高效率、高可靠性与高吞吐率的数据库;SQL Server 数据库由微软公司开发,具有使用方便、可伸缩性好、与相关软件集成程度高等优点;GaussDB 数据库由华为公司开发,具有高可用、高性能、高安全等优势。

1.4 NoSQL 数据库产生的原因

1.4.1 NoSQL 数据库的产生背景

自从关系模型提出以来,关系数据库(SQL 数据库)逐步成为数据库应用系统的主流。然而,随着互联网的快速发展和广泛普及,尤其是新一代 Web 2.0 技术的提出,关系数据库在互联网背景下面临巨大的挑战,主要表现在以下几方面。

(1) 应对海量用户和低延迟的挑战。

互联网环境下,数据库系统面对的不再是某一公司或单位数量有限的用户群体,而是百千万级甚至亿级的用户,并发访问量非常高,往往要处理每秒上万次的读写请求,而关系数据库难以支持这种规模的用户以及如此大规模的并发访问。如果通过 SQL 语句进行查询,效率会非常低,甚至是不可忍受的。

(2) 应对模式多样性和灵活性的挑战。

关系数据库一般要提前设计好数据库模式,而在实际应用中,这些预设的模式无法快速容纳新的属性,以满足用户灵活的需求。如电子商务网站、社交网络等的数据模型大多是半结构化甚至是非结构化的,难以通过预设的关系模式满足多样化的模式需求,而互联网应用程序需要能够高效存储这类数据的数据库。

(3) 应对高可扩展性和高可用性的挑战。

一般地,随着用户量和访问量的快速增加,需要对数据库进行横向扩展。而关系数据库难以简单地通过添加更多的硬件和服务器节点扩展性能和负载能力,即从横向方面扩展数据库的访问能力非常困难,成本也很高。

(4) 应对事务新特性的挑战。

关系数据库要求在插入数据之后能够立刻读出这条数据,因此对数据库事务一致性要求很严格。但是,很多互联网应用系统并不要求严格的数据库事务,对读一致性的要求很低,有些场合对写一致性要求也不高,此时没有必要像关系数据库那样实现复杂的事务机制,从而可以降低系统开销,提高系统效率。

(5) 应对知识建模的挑战。

数据间的联系蕴藏在大量的关系模式中,难以支持知识推理。这些问题促使人们开发不同于关系数据库的新一代数据库,从而能够针对不同的问题采取不同的数据库技术。如通过图数据库更好地存储实体及其关系,从而更容易分析推理实体间的关系。

互联网背景下关系数据库具有以上难以克服的各类问题,NoSQL 数据库应运而生,从高并发、高性能、高灵活性、高可扩展性等方面展现了自身的优势,作为对传统关系数据库的一个有效补充,得到非常迅速的发展。

1.4.2　NoSQL 数据库的特点

NoSQL 数据库(非关系型数据库),也可以理解为"不仅仅是关系数据库"或者"不是关系数据库",这一定义是为了与关系数据库相区别,实际上 NoSQL 数据库包含了多种类别的数据库,如键值数据库、文档数据库、列族数据库和图数据库等,这些数据库都是 NoSQL 数据库。因此,NoSQL 数据库是除关系数据库之外的一个统称。图 1-8 给出了数据库总体分类及其典型代表,因为层次数据库和网状数据库已非主流,所以在图上不再列出。本书剩余章节将统一使用 NoSQL 指代"非关系型"。

NoSQL 数据库的一个共同特点是去掉了关系数据库的关系模式(关系模式指关系数据库中的基本表结构)特性,数据之间无紧耦合关系,使得数据库非常容易扩展,从而也在体系架构层面带来了良好的横向可扩展能力。

1. 灵活的非结构化数据模型

关系数据库的数据模型是规范化的数据结构,每个元组的字段组成都一样,即使不是每个元组都需要所有的字段,数据库也会为每个元组分配所有的字段,这样的结构限制了关系数据库的灵活性。NoSQL 数据库的数据模型是去规范化的,无须事先为要存储的数据建立固定的数据结构,可以根据实际需求灵活设置。

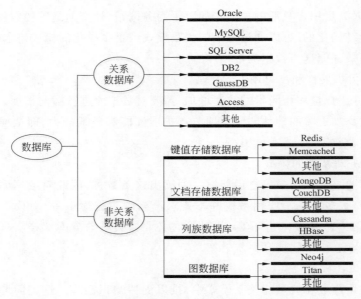

图 1-8　数据库总体分类及其典型代表

2. 高并发读写能力

NoSQL 数据库具备关系数据库无法比拟的性能优势,具有非常灵活的可扩展性。关系数据库中的数据量需要增加时,一般需要纵向扩展,提升数据的处理性能。在大数据时代,尽管关系数据库的能力也在为适应这种增长而提高,但是其实际能够处理的数据规模已经无法满足快速增长的处理需求。

3. 灵活的可扩展性

NoSQL 数据库一般都属于分布式数据库,能够方便地部署在分布式集群环境下。随着用户量的增加和数据体量的增加,集群环境能够很容易地通过添加节点提供更大的数据处理能力,以提高数据库系统的性能。

需要指出的是,NoSQL 是为了满足特定应用需求而设计的新型数据库,在某种意义上是关系数据库的一种有益补充,但不是为了取代关系数据库。因而,NoSQL 数据库和关系数据库是互补的关系,且关系数据库目前还占据主流地位,只有在高并发、高伸缩和高灵活的场景下 NoSQL 数据库才更有优势。

1.5　分布式数据库基本原理

1.5.1　基本概念

为了提高数据的处理能力,NoSQL 一般都属于分布式数据库,部署在包含多个节点的计算机集群环境下。本节将介绍 NoSQL 分布式数据库涉及的几个重要概念。

1. 分布式集群

分布式集群(Distributed Cluster)是指一组相互独立的、通过高速网络互联的计算机,它们构成了一个工作组,并以单一系统的模式对外提供计算服务。图 1-9 给出了一个分布式集群的示例,每个节点是一个完整的计算机系统,拥有本地磁盘和操作系统,又从整体上为用户提供计算和存储服务。

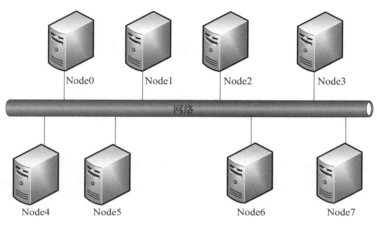

图 1-9 分布式集群

NoSQL 数据库在分布式集群环境运行具有以下优势。

(1) 能够获得更高的性能:集群可能拥有几十台甚至上百台计算节点,而这些节点能够作为一个整体运行,其性能远远超过一台昂贵的服务器的性能。

(2) 能够有效降低硬件成本:组成集群的节点可以是高性能服务器,也可以是普通的计算机,采用计算机集群比采用同等运算能力的大型计算机具有更高的性价比。

(3) 具有良好的可扩展性:随着用户量以及数据处理需求的增加,可以逐步添加更多的节点到集群中,其横向可扩展能力非常强,平台在不知不觉中完成了升级。

(4) 具有良好的可靠性:当某个节点发生故障时,集群仍可以继续工作,能够将系统停运时间减到最小,在提高系统可靠性的同时,也大大减小了故障损失。

2. 可扩展性

可扩展性(Scalability)也称为可伸缩性,是数据库系统应对负载变化的能力,也是衡量数据库系统弹性的重要指标。如果数据库系统通过很少的改动甚至只是硬件设备的添置,就能实现整个处理能力的线性增长,并实现高吞吐量、低延迟和高性能,那么该数据库系统就具有高可扩展性。图 1-10 给出了数据库系统的两种扩展策略。

- 横向扩展(Scale Out):该策略通过增加更多的集群节点提高系统的负载能力。横向扩展能力强、成本低廉。
- 纵向扩展(Scale Up):该策略通过为现有的数据库服务器配置更多的处理器、内存、通信带宽等资源来提高系统的负载能力。纵向扩展能力弱、成本高昂。

关系数据库一般采用纵向扩展提高负载能力,而 NoSQL 数据库则一般采用横向扩展

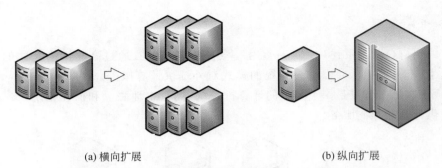

(a) 横向扩展　　　　　　　　　　　　　　(b) 纵向扩展

图 1-10　两种扩展策略

提高负载能力。

3. 数据持久化

在数据库系统中,数据必须能够持久地存储在磁盘、闪存、磁带等长期存储设备上,这一过程称为持久化(Persistence)。如果数据存储于内存中,数据将无法长久地保存,因为服务器一旦停止运行,数据将会丢失。因而,数据持久化的目的是将数据永久地存储于长期存储设备上,防止数据意外丢失。需要注意的是,分布式集群环境下,同一份数据一般要存储在多个节点上,每一份数据称为一个数据副本,其作用一方面是保证数据不会轻易损坏,提高可用性;另一方面也可以提高数据访问的性能,用户访问任意一个数据副本即可读取数据。

4. 数据可用性

数据可用性(Availability)是指数据库应该随时可供用户使用。实际上,由于计算机硬件故障、软件故障、计算机病毒、网络故障等原因,数据库可能在某一时刻是不可用的。如果数据只存储在单台服务器上,数据的可用性就难以保证。分布式集群环境下,数据被存储在多个节点上,在写数据时,先将数据写入一个节点,再通过节点间的通信,将数据写入其他备份节点,通过数据副本的方式能够较大程度地提高数据的可用性,如图 1-11 所示。

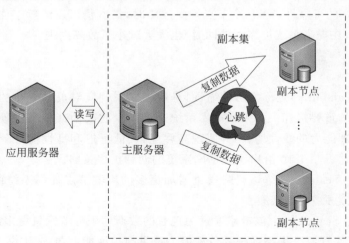

图 1-11　通过增加数据副本提高数据可用性

5. 数据一致性

数据一致性(Consistency)有两方面含义:一方面是指用户所查询的数据与数据库中实际存储的数据的一致性;另一方面是指存储在不同节点的数据副本之间的一致性。图 1-12 给出了数据副本间一致性的同步过程。每个数据块设置了 3 个数据副本,用户提交数据块之后,为了保证数据副本之间的一致性,数据块将在节点间进行复制,复制完成之后用户的写操作完成。为了提高数据写效率,数据复制在节点间的传输操作也可以滞后操作。

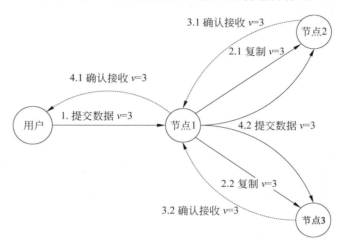

图 1-12 数据副本间一致性的同步过程

根据数据库系统对一致性要求的标准高低,可以分为以下几种。

1)强一致性

强一致性(Strong Consistency)标准要求任何时刻所有的用户查询到的都是最近一次成功更新的数据,是程度最高标准,也是最难实现的。关系数据库采用该标准。

2)弱一致性

弱一致性(Weak Consistency)标准是指当某个用户更新了数据副本之后,不能保证后续用户能够读取到最新的值。

3)最终一致性

最终一致性(Eventual Consistency)标准是弱一致性标准的一种特例,是指当某用户更新了某个数据副本,如果没有其他用户更新这个数据副本,那么数据库系统最终一定能够保证以后的用户能够读取到该用户所更新的值。而保证数据最终一致所需要的时间取决于副本数量、数据量、网络延迟等因素,因此可能存在一个不一致性的窗口,也就是写入数据到其他用户能读取所写的新值所用的时间。

最终一致性根据更新数据后各用户访问到最新数据的时间和方式的不同,进一步分为以下 5 种类别。

(1)因果一致性(Causal Consistency)。

如果用户 A 通知用户 B 它已更新了一个数据项,那么用户 B 的后续访问将返回更新后的值,且一次写入将保证取代前一次写入;与用户 A 无因果关系的用户 C 的访问遵守一般的最终一致性规则。

（2）读写一致性（Read-Your-Writes Consistency）。

如果用户 A 自己更新一个数据项之后，那么该用户总是能够访问到更新的值，不可能看到更新前的旧值。读写一致性实际上是因果一致性的特例。

（3）会话一致性（Session Consistency）。

如果将访问数据库系统的用户放到会话的上下文中，只要会话还存在，系统就保证读写一致性。如果由于某些失败情形令会话终止，就要建立新的会话，且不会延续到新的会话。

（4）单调读一致性（Monotonic Read Consistency）。

如果用户已经访问过某个数据项的最新值，那么其后续访问不会访问到该数据项的旧值。

（5）单调写一致性（Monotonic Write Consistency）。

数据库系统保证来自同一个用户的写操作按顺序执行。

6. 分区容忍性

分布式集群的各个节点是通过网络连通的，但某些网络故障可能导致一些节点断开连接，使集群网络在物理上被划分成若干块区域，此时数据就被散布在这些不连通的区域中，这些不连通的区域称为分区（Partition）。如果在出现网络故障的情况下，各个分区中仍然能够继续提供服务，则称为分区容忍性（Partition tolerance）。如图 1-13 所示，当连接两个节点的网络出现故障时，就出现了两个分区，用户 A 可以读写分区 1 的数据，用户 B 可以读写分区 2 的数据，但两个分区的数据无法保证一致性。

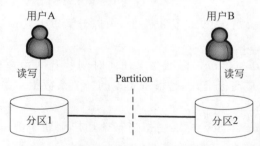

图 1-13　网络故障产生了两个网络分区

如果数据库系统只有一个数据副本，那么当出现分区后，这个节点的数据对其他分区来讲就是不可用的，容忍性较低。为了提高数据可用性，可以增加数据副本的数量，在网络故障发生之后，这一数据项就可能分布到各个分区里，那么数据仍然可用，容忍性较高。

尽管通过增加数据副本能够提高数据容忍性，但这样会带来数据一致性的问题，也就是多个节点上面的数据可能是不一致的。要保证数据一致，每次写操作都要等待全部节点写成功，而等待又会带来可用性的问题。由此可见，分布式数据库系统中容忍性、数据一致性和可用性难以同时获得。总之，数据副本越多，分区容忍性越高，要复制更新的数据就越多，一致性就越难保证。为了保证数据一致性，更新所有节点数据所需要的时间就越长，可用性就会降低。

1.5.2　CAP 定理

著名的 CAP 定理是由计算机科学家 Brewer 提出的,也称为 Brewer 定理。CAP 定理中的 C 指的是一致性(Consistency),即多个数据副本在同一时刻的数据总是一致的;A 指的是可用性(Availability),即在集群中一部分节点发生故障后,其他节点仍然能够响应用户请求;P(Partition Tolerance)指的是分区容错性,即在出现网络故障后,各个被隔离的网络分区虽然不能通信,但仍然保持可用。

CAP 定理是指分布式数据库系统最多只能同时满足一致性、可用性、分区容错性中的两个特性,不可能三者兼顾。根据 CAP 定理,一个分布式数据库系统要么满足可用性和分区容错性(AP),要么满足一致性和分区容错性(CP),要么满足可用性和分区保护性(AC),但是不可能同时满足 CAP。

图 1-14 形象地说明了分布式数据库系统无法同时满足一致性、可用性和分区容错性三方面要求。

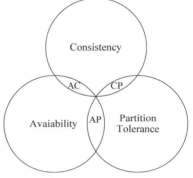

图 1-14　CAP 原理图

- 若满足 AC,则强调一致性和可用性,放弃容错性,一旦网络出现故障,则无法工作,系统可扩展性差。关系数据库满足 AC 两个特性。
- 若满足 AP,则强调可用性和分区容错性,放弃数据的强一致性,仅保证数据的最终一致性,在某段时间内可能返回的是不太精确的数据,这段时间实际上就是数据副本同步的时间。Cassandra 列族数据库满足 AP 两个特性。
- 若满足 CP,则强调一致性和分区容错性,放弃可用性,系统一旦发生故障,用户需要等待较长的时间,数据不可用。Redis 键值数据库和 MongoDB 文档数据库满足 CP 两个特性。

NoSQL 数据库一般属于分布式数据库,而分区容错性是分布式系统的一个最基本的要求。当网络故障发生时,系统要求各个分区能够提供持续的数据服务,否则分布式系统就失去了意义。在满足分区容错性的基础上,系统需要根据业务特点平衡对一致性和可用性的要求。大多数互联网应用其实并不需要强一致性,因此可以牺牲一致性以换取高可用性。

1.5.3　ACID 特性

事务(Transaction)是关系数据库的一个重要概念,它是指访问并可能更新数据库中各种数据项的一个程序执行单元。这个执行单元中的数据库操作语句要么全部执行,要么全部不执行;在执行之前数据库是一致的,在执行之后数据库也应该是一致的。

以银行转账业务为例,A 账户要将自己账户上的 1000 元转到 B 账户下面,A 账户余额首先要减去 1000 元,然后 B 账户要增加 1000 元。假如在中间网络出现了问题,A 账户减去 1000 元已经结束,B 因为网络中断而操作失败,那么整个业务失败,必须做出控制,要求 A 账户转账业务撤销,这才能保证业务的正确性。完成这个操作就需要事务,将 A 账户资金减少和 B 账户资金增加放到同一个事务里,要么全部执行成功,要么全部撤销,这样就保证了数据的一致性。

事务具有以下四方面的特性。

（1）原子性（Atomicity）：每个事务都是不可分割的数据库逻辑工作单位。无论事务包含多少个操作语句，都必须作为一个整体来执行，这体现了事务的不可分割性。

（2）一致性（Consistency）：事务的执行结果必须使数据库从一个一致性状态变到另一个一致性状态，这体现了事务对数据库的影响。

（3）隔离性（Isolation）：并发执行的各个事务之间不能相互干扰。多个事务一般都要并发执行，但在并发执行时不能相互影响，要确保并发执行结果的正确性，因而事务的并发控制至关重要。

（4）持续性（Durability）：持续性也称为永久性，指一个事务一旦提交，它对数据库的改变应该是永久性的。这要求事务执行之后，数据被保存到磁盘上，不会出现数据丢失。

关系数据库在执行事务时必须满足事务的四个特性，这导致关系数据库的并发能力受到制约，且可用性也不高。

1.5.4　BASE 原理

NoSQL 数据库一般不需要同时满足事务的四个特性，而是需要满足一些不太严格的特性，称为 BASE 原理。BASE 原理与 ACID 原理截然不同，它遵循 CAP 原理，并满足最终一致性要求。具体来讲，BASE 原理要求基本可用、软状态和最终一致性。

（1）基本可用（Basically Available，BA）：是指数据库系统中某些服务器节点出现故障时，其他的服务器节点仍然可以继续提供服务，强调数据库系统具有容错性。

（2）软状态（Soft state，S）：是指数据库系统允许不同节点的副本之间存在暂时的不一致性状态，但数据库中的数据在一定时间内最终会被新值所替换。

（3）最终一致性（Eventually consistency，E）：是指数据副本有可能在短时间内出现彼此不一致的现象，不需要保证实时的一致性，但最终将完成所有副本的更新，保持一致性。

在分布式集群环境下，NoSQL 数据库放弃了强一致性，采用最终一致性提高数据库系统的可用性、可扩展性和高并发能力。

1.6　NoSQL 数据库类型

本节对常用的四种类别的 NoSQL 数据库进行概述，详细内容将在后续章节展开。

1.6.1　键值数据库

键值数据库是最简单的一类 NoSQL 数据库，该数据库的数据模型是键值对，即通过键值对存储数据，其中键（Key）是用来查询值的唯一标识符，值（Value）是与键关联的实际数据。由许多键值对构成的集合就是键值数据库。

图 1-15 给出了一个键值数据库，其中存储了三个键值对，用户可以通过某个键查询其对应的数据（值）。

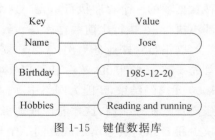

图 1-15　键值数据库

例如,对于键值对(Name,Jose),其中 Name 是键(Key),Jose 是值(Value)。用户只能通过 Key 进行查询,而不能对 Value 直接查询。

需要特别注意的是,在同一个键值数据库中,键不允许重复。为了避免出现该问题,在构造键名时,要遵循一定的规范。比如,对于顾客类型的键,键名前可以加上一个前缀"Custom",再根据顾客的序号"001"加上一个前缀"001",由此键名称为"Custom:001:Name";以此类推,不同类型的实体可以加不同的前缀,由此构造具有唯一性的键名,由相同实体类型键值对构成的集合称为"桶",桶中的键值对一般存储相同实体的相关信息。按照以上规则,图 1-15 中顾客"桶"的键值对可转换为以下形式。

```
(Custom:001:Name, "Jose")
(Custom:001:Birthday, "1985-12-20")
(Custom:001:Hobbies, "Reading and running")
```

值可以是从简单对象到复杂对象的任何内容,如整型、字符型、数组、对象等,提高了数据存储的灵活性。

海量键值对一般存储在分布式集群的多个分区上。为了提高查询的性能,键值数据库根据键将值尽量均匀地映射到相应分区上,每个分区对应集群的一个节点,其映射函数(Hash function)一般采用哈希函数,从而实现快速查询,并支持大数据量和高并发查询。由于键值对是通过映射函数被存储到不同的分区节点上,因此具有良好的伸缩性,理论上可以实现数据量的无限扩容。

键值数据库不支持条件查询,只能够根据 Key 查询或更新相应的 Value。此外,键值数据库也不支持关联查询,发生故障时也不能进行回滚操作,即不支持事务操作。

键值数据库分为内存键值数据库和持久化键值数据库。

(1) 内存键值数据库:该类键值数据库把所有数据保存在内存中,如 Memcached 键值数据库和 Redis 键值数据库。在访问数据时需要将数据从磁盘读到内存中,避免了磁盘操作造成的延迟。目前高端的服务器已经能提供几太字节的内存容量,使得将所有数据存在内存中成为可能,磁盘读写延迟不再是性能瓶颈。

(2) 持久化键值数据库:该类键值数据库把数据保存在磁盘中,如 BerkeleyDB 键值数据库和 Riak 键值数据库。在执行写操作时,数据首先被写到内存中,并返回写成功,当内存中的数据达到指定大小或存放超过指定时限时,数据会被批量写入磁盘。在执行读操作时,先访问内存,如果未命中,则需要访问磁盘上的数据文件。在节点出现故障时,内存数据将丢失,因此一般采用日志的方式进行数据恢复。

从应用的角度看,键值数据库主要适用于保存会话(会话 ID 为主键)、购物车数据、用户配置等不涉及过多业务关系的数据。此时可以根据时间戳等数据库之外的值生成键名,提高检索性能,有效减少读写磁盘的次数,这比关系数据库存储拥有更好的读写性能。

1.6.2　文档数据库

文档数据库是将数据以文档的形式存储,若干个文档形成一个集合,若干个集合构成了一个独立的文档数据库。

文档(Document)的概念与日常生活中的 Word、PPT 或 PDF 这类电子文档是不同的,这也是理解文档数据库的一个难点。实际上,文档数据库中的文档指的是由若干键值对构成的有序集合。文档的概念等价于关系数据库的元组,在关系数据库中元组是由若干属性值组成的一个记录,而文档则是由若干个键值对组成的一个集合,其中每个成员都是键值对。

下面是一份用 JSON 格式描述的文档。

```
{
    name:"sue",
    age:26,
    groups:["Sing", "Sports"],
    address:{street:"Hangzhou Liuhe road", ZipCode:"310023"}
}
```

该文档存储了一个顾客的姓名、年龄、分组和地址信息。该文档包括四个键值对,放在一对大括号内,键值对之间以逗号分隔,第一个键值对存储姓名,第二个键值对存储年龄,第三个键值对存储分组,第四个键值对存储地址。仔细分析发现,第三个键值对的 Value 是一个列表,可以存储多个数据;第四个键值对的 Value 是一个嵌入式的文档,即值又是一个文档,包括了 2 个键值对。

文档数据库的另外一个重要概念是集合,一个集合由若干个相似的文档组成,这些文档是同一个主题数据,如商品、顾客、销售等,但这些文档不必具有相同的结构。文档集合对应于关系数据库的基本表,集合是由文档组成的,而基本表是由元组组成的,然而集合内的文档的结构可以不相同,而基本表内的元组结构必须相同,因此文档数据库比关系数据库更加灵活。

文档数据库是无纲要数据库结构。数据库纲要是指数据库结构或数据库模式,如关系数据库就是结构化数据库。每个元组都有相同的结构(即使某些字段的值为 Null),而且结构(纲要)需要提前设计,然后再写入数据。而文档数据库是非结构化(无纲要)数据库,结构无须提前设计,每个文档的结构可以不相同,可以根据键值对的不同灵活设置。如下面就是一个包含了三个文档的集合,这三个文档的结构并不相同。

```
{ // 第一个文档开始
  userid: "1001",
  username: "张三",
  password: "123456"
}第一个文档结束
{   // 第二个文档开始
  userid: "1002",
  username: "李四",
  password: "123456",
  detail: { address: "湖北", age: 20, email: "lisi@ 163.com" }
}第二个文档结束
{ //第三个文档开始
  userid: "1003",
```

```
    username: "赵六",
    password: "123456",
    detail: { address: "湖北" },
}第三个文档结束
```

此外,文档中的某个键值对的键值还可以嵌套子文档。下面是一个嵌套了子文档的文档,通过嵌套子文档,不需要连接(Join)多份文档就能够快速查询相应的数据,提高数据的检索性能。

```
{
    order_item_id:"83",
    quantity:3,
    cost:9.5,
    product: {
      product_id:"36",
      product_description:"printer paper",
      product_name:"printer paper",
      category:"office supplies",
      list_price: 9.0
    }
}
```

文档数据库提供了比键值数据库更丰富的查询方式。键值数据库是键值对的集合,只能通过键检索相应的值,其追求的是高性能。与键值数据库不同的是,文档数据库将若干个键值对放在一起构成一个文档,然后将多个文档存储于同一个集合。此外,为了方便检索,文档数据库不仅可以根据键查询文档,也可以根据值检索文档,并为此提供了灵活而丰富的查询语句。因而,文档数据库比键值数据库能够存储更为复杂的业务数据,同时也比关系数据库更加灵活。

1.6.3 列族数据库

相比于键值数据库和文档数据库,列族数据库是较为复杂的一类 NoSQL 数据库。列族数据库起源于 Google 的 BigTable,在某种程度上列族数据库与关系数据库较为类似,如都有行和列的概念,但又存在一些差别。列族数据模型包括列、超列、列族和键空间四个基本概念。

1. 列

列(Column)是列族数据库的基本单元。列有列名称和列值,有些列族数据库还会有列时间戳。下面的例子包含了列名称(email)、列值(me@example.com)和列时间戳(127465418310)。

```
{ name: "email", value: "me@ example.com", timestamp: 127465418310}
```

2. 超列

超列(Super Column)是由若干列构成的数组,它包含一个键名和一组列,这些列就是键的值。超列无时间戳。下面是一个超列。

```
lisi:{ // 超列的键名
        street:"XiTuCheng road",          //第一列
        zip:"410083",                     //第二列
        city:"BeiJing"                    //第三列
}
```

3. 列族

列族(Column Family)由很多行组成,每行由一个行键和一组列或超列组成,如果是由超列组成,那么列族也称为超列族(Super Column Family)。列族相当于关系数据库中的基本表,如用户列族、学生列族、地址列族等。下面是列族中的一行。

```
Class01:{                               //行键,包含三个超列
lisi:{                                  //这是第一个超列
    street:"XiTuCheng road",
    zip:"410083",
    city:"BeiJing"
},
wangwu:{                                //这是第二个超列
    street:"XiTuCheng road",
    zip:"410083",
}
zhaoliu:{                               //这是第三个超列
    street:"XiTuCheng road",
    city:"BeiJing"
}
}
```

4. 键空间

键空间(Keyspace)是列族的容器,可以包含多个列族。一个应用对应一个键空间,一个键空间拥有多个列族。键空间对应关系数据库的实例。

列族数据库与关系数据库都有行和列的概念。然而,这两种数据库又有不同:关系数据库中的实体及其联系存放在多张表中,如学生的信息及其选修课的信息分别存储在三个基本表中,然后通过执行连接操作获得。列族数据库则能够将这些学生选修课的数据存储在一个列族中,尽管每个学生的选修课不同,但仍然可以灵活存储。关系数据库是规范化的,而列族数据库是去规范化的,因此列族数据库更加灵活。

列族数据库也有自己的查询语言,这与 SQL 有些类似。用户可以使用列族数据库查询语言创建列族、更新列族和查询列族等。

1.6.4 图数据库

键值数据库、文档数据库和列族数据库具有一定的相似性,如都有列名(键)和列值(键

值)。图数据库与以上三种 NoSQL 数据库则完全不同,其数据存储和数据查询都以图论为基础。常用的图数据模型有属性图模型和三元组模型。

1. 属性图模型

属性图是一种常用的图数据模型,Neo4j 图数据库就是采用该模型进行数据存储,其主要特点如下。

(1) 图由节点和关系(有向边)组成;

(2) 节点有一个或多个标签;

(3) 节点有一组属性(键值对);

(4) 关系有一个类型,可以有一组属性;

(5) 关系是有方向的,只有一个开始节点和一个结束节点。

图 1-16 是一个属性图模型,其中节点包括 n1、n2、n3 和 n4,这些节点对应若干实体,且每个节点有一组属性,并且每个节点有一个或多个标签(Label),如 n1 节点的标签是 Director,表示导演类别;边包括 e1、e2、e3 和 e4,每个边有一个类型(Type),表示关系的类型,每个边也可以有若干属性。

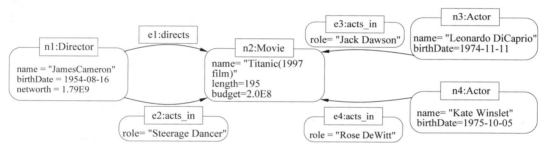

图 1-16　属性图模型

2. 三元组模型

三元组模型使用三元组表达实体与实体或实体与属性之间的关系,有两种形式的三元组(实体,关系,实体)和(实体,属性,属性值)。图 1-16 所示的属性图用三元组模型表示的结果如图 1-17 所示。

根据图 1-17 的三元组模型,可以得到以下部分三元组。

```
(James_Cameron, type, Director)
(James_Cameron, name, 'James Cameron')
(James_Cameron, birthDate, 1954-08-16)
```

图数据库也提供了相应的查询语言对图数据进行操作。Neo4j 是常用的图数据库,查询语言是 Cypher 语言,它是一种声明式图查询语言,能够实现对图数据的写操作、读操作和其他一些操作。与关系数据库相比,图数据库更加直观地对实体与实体之间的关系进行建模,可以高效地处理实体间的关系,适合于社交网络、推荐系统、智能问答等应用领域。

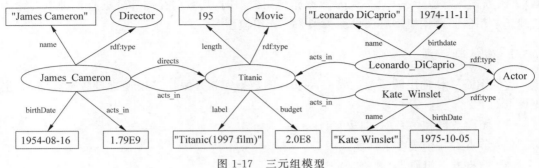

图 1-17 三元组模型

1.7 NoSQL 数据库选取

根据应用需求选取合适的数据库是开发者面临的一个实际问题。在关系数据库和 NoSQL 数据库之间选择是比较容易的,如果数据库系统需要将数据进行规范化,对数据库模式进行固定并且需要满足 ACID 特性,那么就选择关系数据库。如果数据库系统强调高性能和高伸缩性,以及并不需要满足严格的 ACID 特性,此时可以选择 NoSQL 数据库。下面着重阐述选择四种 NoSQL 数据库的一般原则。

1. 选取键值数据库

键值数据库的特点在于高效,适用于读取操作频繁,但写操作较少的场合,其采取的键值对模型非常简单,不适合存储复杂结构的数据。以下情况可以考虑选取键值数据库。

(1) 存储用户配置、会话信息、购物车等信息,这些信息都和一个 ID(键)关联。

(2) 存储图像、音频等大型对象文件。

(3) 缓存数据,改善性能。

2. 选取文档数据库

文档数据库的特点是灵活、高效和易用。如果应用系统需要存储大量的数据,而且这些数据的格式不固定、灵活多样、不强调规范化,那么可以选取文档数据库。以下情况可以考虑选取文档数据库。

(1) 属性不确定且多变的数据对象,如商品数据。

(2) 记录各种数据的元数据信息。

(3) 使用 JSON 格式存储数据。

(4) 通过去规范化在大结构中嵌套小结构的数据存储。

(5) 需要功能强大的查询功能,能够根据文档属性进行查询和统计。

3. 选取列族数据库

列族数据库适合于大体量的数据读写,一般部署在分布式集群中,具有高可用性和高性能等特点。以下情况可以考虑选取列族数据库。

（1）处理数据量巨大，频繁读写。

（2）字段经常变化，且不确定。

（3）要求高可用，允许数据不一致现象。

（4）适合于搜索引擎、网络通信日志、社交服务等领域。

4. 选取图数据库

图数据库适合于社交网络、交通网络、知识图谱等需要关联分析的领域，然后在此模型基础上进行个性化推荐、智能问答和知识推理等。以下情况可以考虑选取图数据库。

（1）网络与 IT 基础设施管理。

（2）产品推荐与服务。

（3）社交网络分析。

（4）交易数据分析。

1.8　本章小结

数据库系统随着应用需求而不断演变，其核心在于通过合适的数据模型表达实体与实体之间的联系。数据管理经历了人工管理、文件系统管理、数据库管理和大数据管理四个发展阶段。数据库阶段又先后出现了层次数据库、网状数据库和关系数据库这三个类型的数据库，以关系模型为核心的关系数据库取得了巨大成功，成为近几十年的主流数据库。

随着互联网应用的快速发展，用户数量和数据体量激增，关系数据库已经难以满足数据存储和处理需求，因此开发高扩展性、成本低廉、高可用以及结构灵活的数据库系统成当前研究的热点。在此背景下，NoSQL 数据库被广泛关注，为解决关系数据库难以应对的挑战性问题提供了新的解决方案。需要指出的是，NoSQL 数据库不是为了取代关系数据库，而是关系数据库的有益补充，开发者需要根据需求的特点选择合适的 NoSQL 数据库，在提高数据处理性能的同时降低开发成本。

1.9　习　　题

1. 数据管理经历了哪些发展阶段，代表性的技术有哪些？

2. NoSQL 数据库产生的主要原因是什么？

3. 请解释数据一致性的含义，根据标准的不同它可以分为哪几种类型？

4. 请解释数据可扩展性的含义，其具体包括哪些扩展策略？

5. 试阐述 CAP 定理的具体含义。

6. 试阐述 BASE 原理的具体含义。

7. 键值数据库的键和值分别用来存储什么类型的数据？

8. 文档数据库的文档与关系数据库的元组有什么区别？

9. 列族数据库的行和列与关系数据库的行和列有什么区别？

10. 图数据库主要有哪些图数据模型，这些图数据模型分别有什么特点？

键值数据库

键值数据库是一种最简单的 NoSQL 数据库,该数据库以键值对形式存储数据,根据键(Key)访问值(Value),具有很高的访问性能。本章首先介绍键值数据模型、键的设计与分区、值的类型与结构化和键值数据库的特点等,然后介绍 Redis 键值数据库的命令,最后介绍一个键值数据库应用实例。

2.1 键值数据模型

2.1.1 关联数组

键值数据库根据键名读写键值,其采用的数据模型是关联数组。在介绍关联数组之前,先来了解一下与其非常相近的另外一种数据结构,也就是数组。

数组是由同一类型的值构成的有序列表,其中每个值都与一个整数下标相关联,该下标表示数组元素的位置。例如,在 Java 语言中定义以下数组:

```
int[] a=new int[6]
```

变量 a 是一个整型数组,可以存储 6 个数组元素,其中 a[0] 表示第一个数组元素,利用整数下标可实现对数组的引用。因此,数组有以下两个特点。

(1) 所有的数组元素的数据类型都必须相同。

(2) 数组元素通过整数下标来访问。

关联数组(Associative Array)是和普通数组类似的一种数据结构,但它与数组相比具有以下两个不同的特点。

(1) 关联数组的每个元素的数据类型可以不同,如其中的元素可以分别是整数、浮点数、字符、列表、对象等。

(2) 关联数组的下标不仅可以是整数,还可以是字符串。

也就是说,关联数组是数组概念的泛化,它以唯一的标识符作为下标的有序列表,这个下标称为键,而数组元素称为值。关联数组也被称为字典、映射、哈希或者符号表等,在键值数据库中被称为键值对。图 2-1 给出了三种不同类别的键值对,键名可以自行定义,可以是多种数据类型;键值也可以是多种数据类型。

键名	value		键名	value		键名	value
S01	张杰		张杰	1.68		PI	3.14
S02	李玮		李玮	1.68		17234	34468
S03	王韩		王韩	1.82		CapitalChina	Beijing
S04	蒋珊		蒋珊	1.64		Foo	Bar
S05	陆阳		陆阳	1.79		Start	1

图 2-1　键值对

2.1.2　命名空间

在键值数据库中,键值对构成的集合称为命名空间(namespace),也称为桶(Bucket)或数据库(Database)。在同一个命名空间,键是指向值的引用,用来找到值的唯一标识符,不允许重复。图 2-2 给出了三个命名空间,命名空间 1 是学生键值对的集合,命名空间 2 是课程键值对的集合,命名空间 3 是部门键值对的集合。同一命名空间的键不允许重复,不同命名空间里的键可以重复。

命名空间 1			命名空间 2			命名空间 3	
S01	张杰		C01	数学		D01	外语系
S02	李玮		C03	英语		D04	计算机系
S03	王韩		C05	C++		D07	机械系

图 2-2　三个命名空间

2.2　键的设计与分区

2.2.1　键名设计

在关系数据库中,基本表的主键一般是无意义的值,或者是一个流水号,这样做的目的是保证主键不会重复,且主键值确定后一般不再变更。

在键值数据库中,键名是指向键值的引用,它与地址的概念类似,提供了查找键值的方式,是唯一的。由于数据是以键值对的形式存储,如果键名还是采用无意义的值或流水号,就很难看出该键所代表的实际含义,在实际应用中就没有规律可循,因此需要制定合理的命名规范,使键名的构造遵循一定的规律。一种较常用的方法是将实体类型、实体标识符和实体属性等信息拼接起来构成一个有含义的字符串,将其作为键名,规则为

实体名：实体标识符：实体属性

上述键名中的冒号分隔符可以去掉,也可以换成其他的分隔符(如".")，但一般遵循这一惯例。以图 2-3(a)的基本表 Students 为例,该基本表中存储了 6 个学生元组,如果要把该基本表中的所有数据以键值对的形式存储,那么键名可以设计为

表名：主键值：属性

图 2-3(b)给出了 Sname 列的键值对,如 Students:S01:Sname 为键名,"张利"为键值,该键名是由学生实体名、学号标识和属性名构成的,因而根据键名就可以知道其键值的含义。基本表中的各列的键名也可以按照以上规则进行设计。键名长度应合适,若太长,则会占据较大的存储空间;若太短,则容易产生歧义。

Sno	Sname	Ssex	Sage
S01	张利	女	22
S02	王芳	女	20
S03	范诚欣	女	19
S04	李铭	男	21
S05	黄佳宇	男	21
S06	仇星星	男	22

(Students:S01:Sname,张利)
(Students:S02:Sname,王芳)
(Students:S03:Sname,范诚欣)
(Students:S04:Sname,李铭)
(Students:S05:Sname,黄佳宇)
(Students:S06:Sname,仇星星)

(a) 关系数据库的基本表 Students　　　　　(b) 键值数据库的键值对

图 2-3　键名的设计方法

归纳起来,键名设计一般应遵循以下几个规则。

(1) 键名应该包含有意义的字符,如学生是"stu",课程是"course",长短要合适,以减少歧义。

(2) 将标识符放入键名,如 ID、日期或整数值等,用以唯一确定键名。

(3) 键名由多个部分组成,每个部分之间插入分隔符,一般采用":"。

(4) 在不影响语义含义的前提下,尽量把键名设计得简短一些,以减少存储空间。

2.2.2　键的分区

1. 分区的概念

当键值对数量非常巨大时,单个服务器难以满足查询的性能需求,需要采用分布式集群作为键值对存储的硬件环境。集群中的一组或一个服务器称为集群的分区,一个集群包含多个分区;实际上,同一个服务器也可能包含多个分区,比如服务器上运行了虚拟机,每个虚拟机都可以作为一个分区。为了实现集群各个节点的负载平衡,希望将键值对均匀地存储到不同分区上。

键值数据库中通常以"键名"作为分区的依据,采用默认或者自定义的哈希分区函数(Hash)将键名字符串映射为哈希值,然后根据哈希值决定键值对存储的实际分区。图 2-4(左图)的键值对分为四组,这四组键值对被映射到三个分区上。图 2-4(右图)给出了如何根据哈希函数将键转换为哈希值,以此作为分区的依据。

2. 哈希分区函数

哈希函数是一种可以接收任意字符串,并输出定长字符串的函数。例如,哈希函数SHA-1 可以把"My name is Mike"字符串映射为 adsfadsfadsgadgasg。一般地,只要输入的字符串存在微小的差别,哈希函数的输出就会是不同的哈希函数值。

表 2-1 给出了"键名"与"哈希值"的映射关系,表格的第一栏是输入的键名,第二栏是哈

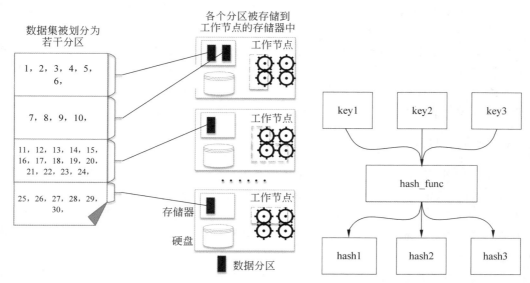

图 2-4　根据键名将键值对映射到不同的分区

希函数,第三栏是通过哈希函数输出的键值,该结果是在 Python 语言中运行得到的。

表 2-1　键名及其哈希码

键　名	哈希函数	哈　希　值
Students:S01:Sname		683755b70d5f432c765b298b17552e6431dbbb7e
Students:S02:Sname		23a4c4bfec423a57018d61325d3151c78925835a
Students:S03:Sname	SHA-1	5aeeefcea47ae7a2911bcc833414623c0b930649
Students:S04:Sname		911e30f616d8215ac1f752b2ac18a61c97decb40
Students:S05:Sname		96963c2e2cad771cb213d88bc16e7ab7ed511f59

　　一般地,不同的键名通过哈希函数之后输出的哈希值是不一样的。但是,有时候两个不同的键名也可能产生同一个哈希值,这种情况称为“碰撞”。为了解决这种问题,需要在对应的存储空间中另外设置一个列表,类似于一个链表,将哈希值相同的键对应的值存储在这个链表上,再进一步区分。

　　根据键名所产生的哈希值将键值对映射到某个分区。一种较为简单的计算方法是将哈希值对集群节点的数量取模,然后把当前的键值对分配给该分区。由于哈希值是随机产生的,通过取模运算之后,键值对也能大体上均匀地分布在各个分区。假设分区总共有 7 个,其中一个哈希值返回的数字是 64,那么这个哈希值对 7 取模之后得到的值是 1,则其对应的键值对应存储在 1 号分区上。

3. 分区均衡性

　　键值分区的目的是尽可能将键值对均衡地存储到不同的分区上,以实现负载均衡,这主要由以下两个因素决定。

（1）采用的分区函数。默认的哈希函数并不一定产生均衡的分区结果，此时需要设计更均衡的分区算法。

（2）设计的键名。如果键名设计不合理，则经过哈希变换之后的哈希值就有可能被映射到相同的分区，此时解决的方法是另外设计合适的键名，即改变分区键。

总之，可以通过改变分区函数或键名改变分区结果，其目的是实现均衡分区，这在键值对数量非常大的情况下，可以并行地访问分区数据，提高访问的性能。

2.2.3 键存活时间

键存活时间（Time to Live，TTL）是指键在内存中的生存时间。当键生存时间超过设定的值时，键将被销毁，不再占用内存资源，也不可用。TTL 是计算机技术中经常用到的一个技术，例如，在计算机网络协议上，TTL 是数据包中的一个值，它告诉路由器，数据包在网络中的时间是否太长而应被丢弃，有很多因素导致数据包不一定能在有限的时间内被传递到目的地。

由于内存资源是有限的，因此不应该长时间在内存中保留某些键值对。此时可以使用 TTL 设定键值对在内存中的存活时间。比如，应用程序创建一个键来保存用户购买电影票的信息，可以把 TTL 设置为 10 分钟，为用户预留足够的时间完成购票，如果时间超过 10 分钟，则认为用户已放弃购票，需要释放资源，允许其他用户购票。

2.3 值的类型与结构化

2.3.1 值的类型

在关系数据库中，基本表的每一列都有固定的数据类型，这是在创建基本表时指定的，此后插入的数据类型必须与该数据类型一致，否则将得到不正确的结果。然而，在键值数据库中，键值的数据类型是不需要提前指定的，值的类型可以是整数、浮点数、字符串、二进制对象或者复杂数据类型，这些数据类型在写入时才动态确定，为用户提供了足够的灵活性。

Redis 键值数据库支持的数据类型如下。

- 整数：用来存储一个整数值，如 350、600 等。
- 浮点数：用来存储一个浮点数值，如 234.23、9832.23 等。
- 字符串：是一种常见的数据类型，通过双引号括起来，如"Li si""Zhejiang""Database"等。
- 列表：字符串构成的有序集合，按照插入顺序排序，用一对小括号括起来，如（"Zhang"，"Li"，"Wang"，"Li"）。
- 集合：是字符串类型的无序集合，集合成员是唯一的，不能出现重复的数据，用一对大括号括起来，如{"Zhang""Li""Wang""Liu"}。
- 有序集合：有序集合和集合一样，也是字符串类型元素的集合，且不允许成员重复。不同的是，有序集中每个元素都会关联一个 double 类型的数，通过这个数为集合中的成员进行从小到大的排序。
- 哈希映射：该数据类型是一个字符串类型的 Key 和 Value 的映射表，特别适合用于存储对象。

- 位数组：二进制整数构成的数组。

键值数据库一般允许非常大的键值，例如 Redis 的字符串数据类型的键值的最大值是 512MB。

2.3.2 值的结构化

实际应用中，往往可以采用结构化的字符串存储多个值。所谓的结构化，是指键值不是一个值，而是由多个值构成的结构化的值，常见的结构化数据类型包括列表、集合、哈希映射等。例如，如果学生的姓名和生源地被同时频繁地访问，这时可以将姓名和生源地作为一个复合的值来存储，如{"刘山"，"浙江省温州市"}可以作为一个键值。这样可以一次性读取学生姓名和生源地两个值，避免了两次读写带来的访问延迟。

结构化的值可存储多个值，其优势主要体现在能够加快数据的访问速度，因为可以根据一个键名访问多个值。但是，这样设计也会存在一个问题，即可能存在冗余数据，并且更新时也可能导致数据不一致。另一方面，如果设计的键值过于复杂，也会降低读写性能。例如，将顾客信息全部存入一个哈希表中，虽然一次查询就可以获得顾客的全部信息，但由于顾客的信息可能很多，读取和写入的时间也会增加，因此将总是频繁访问的各个数据项存储为一个键值更加合理。

2.3.3 值的查询限制

键值数据库是根据键名对键值进行读写操作。由于强调操作的性能，因此键值数据库并不支持键值查询，如不能够直接查询键值包含"杭州"字符串的键值对。如果要对键值进行查询，也可以编写一个算法逐一遍历可能的键，然后查询每个键所对应的值，再判断这些键值是否包含"杭州"字符串。

尽管可以编写一段程序查询键值是否包含指定的字符串，但这种操作的性能是比较差的，因为键值数据库并不倾向于支持这样的查询。根据键名读写键值是键值数据库优先实现的功能，因为能够通过哈希映射的方式直接找到存储键值的分区，并快速地读取键值。

此外，键值数据库一般也不支持某一范围的查询，如查询某一时间范围内的键值，或是查询某一数值范围内的键值。

键值数据库不支持标准的 SQL，只能通过提供的命令进行操作。有些键值数据库在这方面提供了一些辅助增强功能，例如可以解析 JSON 数据等。

2.4 键值数据库的特点

键值数据库都有以下一些共性特点。

1. 数据模型简单

键值数据库中所有的数据都以键值对的形式存储，用户不需要预先设计键名，也不需要为键值预先指定数据类型，完全采用无纲要模式存储数据。

2. 访问速度极快

键值数据库只能根据键访问所存储的值,其映射关系非常简单;此外,一般键值对是预先存储在内存中的,可以提高访问速度,适合于高吞吐量的数据密集型操作。如果键值对数据的大小超过了内存容量,则需要将数据存储到磁盘,或对数据进行压缩,以尽可能地提升内存中的数据量,提升访问的性能。

3. 系统易于缩放

键值数据库部署在分布式集群中,能够根据系统的负载量,动态地增加和减少服务器节点。服务器节点之间的逻辑可以采用主从式复制,也可以采用无主式复制。因而,键值数据库具有很好的伸缩性,根据数据量的大小可动态地调整节点数量。

4. 不支持直接查询键值

键值数据库一个显著的缺点就是不能直接查询键值,这样,在不知道键名的情况下查找相关键值就非常困难;不支持某个范围的值的查询;也不支持关系数据库的连接(Join)操作,只能独立地对键值对进行访问。

2.5　Redis 键值数据库

2.5.1　Redis 概述

Redis 是使用 ANSI C 语言编写的键值数据库管理系统,它遵守 BSD 协议、支持网络、可基于内存,亦可持久化。从 2010 年开始,VMware 负责 Redis 的开发和维护。

Redis 也被称为数据结构服务器,原因是其支持字符串(String)、哈希(Hash)、列表(List)、集合(Set)和有序集合(Zset)等多种数据类型。这些数据类型都支持 push/pop、add/remove、交集、并集、差集,以及排序等操作。

为了提高数据存储性能,Redis 将数据缓存在内存中,并会定期将更新的数据写入磁盘,或者把修改操作写入记录文件。Redis 提供了多种语言的 API,支持 Java、C/C++、C♯、PHP、JavaScript、Perl、Object-C、Python、Ruby 等编程语言。

Redis 采用 mast-slave 主从服务器架构,数据可以由主服务器向从服务器同步,可执行单层树复制,实现了发布/订阅机制,从服务器可以接受主服务器发送的数据。Redis 提供的数据类型以及解释如表 2-2 所示,每种数据类型都有相应的命令。

表 2-2　Redis 提供的数据类型以及解释

数据类型	中文名称	解　　　释
String	字符串	字符串是最基本的类型,一个键对应一个值,且是二进制安全的,可以包含任何数据,如图片或者序列化对象;最大存储 512MB;数值型也以字符串形式保存,因此字符串命令也适用于数值型的键值对
Hash	哈希	存储键值对集合,每个键值包含一个字符串类型的字段(field)和值(value)的映射表,每个 Hash 可以存储 40 多亿个键值对

数据类型	中文名称	解　释
List	列表	字符串列表,按照插入顺序排序;可以添加一个元素到列表的头部或者尾部(右边);最多可存储 40 多亿个元素
Set	集合	字符串类型的无序集合,不允许有重复的元素,最多 40 多亿个元素
Zset	有序集合	字符串类型的有序集合,且不允许元素重复,每个元素都会关联一个得分,通过该得分为集合中的成员进行从小到大的排序;尽管成员是唯一的,但得分却可以重复

2.5.2　键操作命令

键操作命令能够对键值数据库中的键进行操作,包括查询键、删除键、判定键是否存在、设置键生存期、查询数据类型等。

1. keys 命令

Keys 命令用于返回所有符合给定匹配模式的键,其语法格式为

> **keys 匹配模式**

例 2-1　查询所有的键(假设当前已存在 Courses 和 Students 两个键)。
命令:keys *
上述命令将查询所有的键,返回键 Courses 和键 Students;若不存在键,则返回空。
例 2-2　查询所有以 C 开头的键(假设当前已存在键 Courses 和键 Students)。
命令:keys C *
上述命令将查询所有以 C 开头的键,返回键 Courses;若不存在键,则返回空。

2. del 命令

del 命令用于删除指定的键,其语法格式为

> **del key1 key2**

例 2-3　删除键 Students(假设当前已存在键 Students)。
命令:del Students
上述命令将删除键 Students,返回删除的个数,即 1;若不存在该键,则返回 0。

3. exists 命令

exists 命令用于判断指定键是否存在,若存在,则返回 1;若不存在,则返回 0,其语法格式为

> **exists key**

例 2-4　判断键 Students 是否存在(假设当前已存在键 Courses 和键 Students)。

命令：exists Students

上述命令将判断键 Students 是否存在,结果返回 1;若不存在该键,则返回 0。

4. rename 命令

rename 命令用于将键重命名为新键,其语法格式为

> **rename key newKey**

例 2-5　修改键名 Students(假设当前已存在键 Students)。

命令：rename Students Student

上述命令将键名 Students 修改为 Student,若操作成功,则返回 OK;若不存在原键名,则报错"ERR no such key",当新键名已经存在时,该命令会覆盖旧值。

5. expire 命令

expire 命令用于设置键的生存时间,单位为秒,其语法格式为

> **expire key**

例 2-6　将键 Students 设置为 10s 后过期(假设当前已存在键 Students)。

命令：expire Students 10

上述命令将键 Students 设置为 10s 后过期,若操作成功,则返回 1;若不存在该键,则返回 0。

6. ttl 命令

ttl 命令用于获取指定键的生存时间,-1 为没有设置过期时间,-2 为已经超时,不存在,其语法格式为

> **ttl key**

例 2-7　查询键 Courses 和键 Students 的过期时间(假设当前已存在键 Courses 和键 Students,并且假设键 Students 已经经过例 2-6 题的 10s 时间了)。

命令：ttl Courses

上述命令查询键 Courses 的过期时间,因为键 Courses 未设置过期时间,所以返回-1。

命令：ttl Students

上述命令查询键 Students 的过期时间,因为键 Students 已经过期,所以返回-2,并且使用 keys * 已经查询不到。

7. type 命令

type 命令用于获取指定键的数据类型,返回值为字符串格式,若不存在,则返回 none,其语法格式为

> **type key**

例 2-8　查询键 Courses 的类型（假设当前已存在键 Courses）。

命令：type Courses

上述命令将查询键 Courses 的类型，即返回 Zset；若不存在该键，则返回 none。

8. move 命令

move 命令用于将当前数据库的键移动到给定的键值数据库中，若移动失败，则返回 0，其语法格式为

> **move key db**

例 2-9　将键 StudentsName 的数据从当前数据库移动到数据库 db2。

命令：move StudentsName db2

上述命令将键 StudentsName 的数据从当前数据库移动到数据库 db2，若成功，则返回 1；若键不存在或数据库 db2 中存在相同的键时，移动失败后会返回 0。

9. renamenx 命令

renamenx 命令用于将键重命名为新键，仅当新键不存在时使用，其语法格式为

> **renamenx key newKey**

例 2-10　将键 Students 重命名为 Student（假设当前已存在键 Students）。

命令：renamenx Students Student

上述命令将键 Students 重命名为 Student，若操作成功，则返回 1；当新键已经存在时，该命令会命名失败，返回 0。

2.5.3　字符串命令

字符串是 Redis 最基本的数据类型，一个键对应一个字符串值，可以存储任何数据，比如图片或者序列化的对象，最大存储 512MB。

数值型在 Redis 中以字符串的形式保存，因此字符串命令也适用于数值型的键值对，但有些命令要求值是数值型才能够正确执行。

1. set 命令

set 命令用于将指定键的值设置为相应的值，其语法格式为

> **set key value**

例 2-11　插入键值对（Students：S01：Sname，"张利"）。

命令：set Students：S01：Sname　"张利"

上述命令中的键为 Students：S01：Sname，值为"张利"，也就是说，将键 Students：S01：

Sname 的值设置为字符串"张利"。

2. get 命令

get 命令用于返回指定键的值,其语法格式为

> **get key**

例 2-12 查询键名为 Students:S01:Sname 的键值。

命令:get Students:S01:Sname

上述命令将返回键 Students:S01:Sname 的值"张利";若无该键,则返回空。

3. getset 命令

getset 命令用于获取指定键的旧值,再将旧值修改为指定的新值,其语法格式为

> **getset key value**

例 2-13 查询并修改键名为 Students:S01:Sname 的键值为"王芳"。

命令:getset Students:S01:Sname "王芳"

上述命令将修改键 Students:S01:Sname 的值为字符串"王芳",并返回旧值"张利";若不存在键 Students:S01:Sname,则自动创建该键且赋值"王芳",并返回空。

4. getrange 命令

getrange 命令用于获取存储在指定键中字符串的子串,截取范围由 start 和 end 两个偏移量决定,其语法格式为

> **getrange key start end**

例 2-14 获取键 Students:S01:Sname 的值的 0~2 位。

命令:getrange Students:S01:Sname 0 2

上述命令将获取键 Students:S01:Sname 的值的 0~2 位,即"王"(因为 Redis 存储中文占用 3b,所以 0~2 位即返回"王");若无该键,则返回空。

5. getbit 命令

getbit 命令用于从键所存储的字符串中获取指定偏移量上的位。

> **getbit key offset**

例 2-15 获取键 test 的第 2 位的 bit(假设当前 test 存储的值为"bar",那么其二进制为 011000100110000101110010)。

命令:getbit test 2

上述命令将获取键 test 的第 2 位的 bit,返回 1;若无该键,则返回 0。

6. mget 命令

mget 命令返回一个或多个给定键的值。如果给定的键列表中某个键不存在,那么这个键返回特殊值 nil,其语法格式为

> **mget key1 key2 …**

例 2-16　获取键 test、Students:S01:Sname、kong 的值(假设当前已存在键 test 和键 Students:S01:Sname,而不存在键 kong)。

命令:mget test Students:S01:Sname kong

上述命令将返回键 test、Students:S01:Sname、kong 的值;若无该键,则返回 nil。

7. setbit 命令

setbit 命令根据偏移量修改某一位上的键值,其语法格式为

> **setbit key offset value**

例 2-17　修改键 test 的第 2 位的 bit 为 0(假设当前 test 存储的值为"bar",那么其二进制为 011000100110000101110010)。

命令:setbit test 2 0

上述命令将修改键 test 的第 2 位的 bit 为 0,返回 1;若无该键,则返回 0,并自动创建一个空值的键。因为修改的为 bit,所以 bit 只存在 0/1;若修改为其他值,则会报错"ERR bit is not an integer or out of range"。

8. setex 命令

setex 命令为指定的键设置值及其过期时间。如果键已经存在,该命令将会替换旧的值,其语法格式为

> **setex key time value**

例 2-18　创建一个键 Course:C01:Cname,值为"高等数学"的数据,过期时间为 60s。
命令:setex Course:C01:Cname 60 "高等数学"

上述命令将创建一个键为 Course:C01:Cname,值为"高等数学"的键值对,过期时间为 60s,若创建成功,则返回"OK";若已经存在该键,则自动替换旧值。

9. setnx 命令

setnx 命令在指定的键不存在时,为键设置指定的值,其语法格式为

> **setnx key value**

例 2-19　创建一个键为 Course:C01:Cname,值为"高等数学"的数据。
命令:setnx Course:C01:Cname "高等数学"

上述命令将创建一个键为 Course:C01:Cname,值为"高等数学"的数据,若创建成功,则返回 1;若已经存在该键,则创建失败,返回 0。

10. setrange 命令

setrange 命令用指定的字符串覆盖给定键所存储的字符串值,覆盖的位置从偏移量 offset 开始,其语法格式为

> **setrange key offset value**

例 2-20 将键 test 的值从第 1 位开始修改为"us"(假设当前键 test 存储的值为"bar")。

命令:setrange test 1 us

上述命令将键 test 的值从第 1 位开始修改为"us",若修改成功,则返回字符长度,即 3。

11. strlen 命令

strlen 命令用于获取指定键所存储的字符串值的长度。当键存储的不是字符串时,返回一个错误,其语法格式为

> **strlen key**

例 2-21 获取键 test 的值的长度(假设当前键 test 存储的值为"bar")。

命令:strlen test

上述命令返回键 test 的值的长度,即返回 3。若键不存在,则返回 0。

12. mset 命令

mset 命令用于同时设置一个或多个键值对,其语法格式为

> **mset key1 value1 key2 value2…**

例 2-22 分别设置键 test1、test2 的值为 redis1、redis2。

命令:mset test1 redis1 test2 redis2

上述命令分别创建键为 test1、test2,值为 redis1、redis2 的数据,若创建成功,则返回 OK。

13. msetnx 命令

msetnx 命令用于所有给定键都不存在时,同时设置一个或多个键值对,其语法格式为

> **msetnx key1 value1 key2 value2…**

例 2-23 分别设置键 test1、test2 的值为 redis1、redis2。

命令:msetnx test1 redis1 test2 redis2

上述命令分别创建键为 test1、test2,值为 redis1、redis2 的数据,若创建成功,则返回 1。若给定的键已经存在,则整条命令都失败,返回 0。

14. psetex 命令

psetex 命令用于创建数据,并设置生存时间(时间以 ms 为单位),其语法格式为

> **psetex key time value**

例 2-24 设置键为 test1,值为 redis1 的数据的生存时间为 900ms。

命令：psetex test1 900 redis1

上述命令设置了键为 test1,值为 redis1 的数据的生存时间为 900ms,若创建成功,则返回 OK。

15. incr 命令

incr 命令给指定键的值加 1 并返回。如果键不存在,那么键的值会先被初始化为 0,然后再执行 INCR 操作。如果值包含错误的类型,或字符串类型的值不能表示为数字,就返回错误信息。该操作的值限制在 64 位有符号数字表示内,其语法格式为

> **incr key**

例 2-25 将键名为 Course:C01:Cterm 的键值加 1。

命令：incr Course:C01:Cterm

上述命令将键 Course:C01:Cterm 的键值加 1,并返回新的键值;若该键的键值类型不能进行加 1 操作,则返回报错信息"ERR value is not an integer or out of range"。

16. decr 命令

decr 命令将指定键的值减 1,其语法格式为

> **decr key**

例 2-26 将键名为 Course:C01:Cterm 的键值减 1。

命令：decr Course:C01:Cterm

上述命令将键名 Course:C01:Cterm 的键值减 1,并返回新的键值;若该键的键值类型不能进行减 1 操作,则返回报错信息"ERR value is not an integer or out of range"。

17. incrby 命令

incrby 命令将指定键的值加 increment,其语法格式为

> **incrby key increment**

例 2-27 将键名为 Course:C01:Cterm 的键值加 5。

命令：incrby Course:C01:Cterm 5

上述命令将键 Course:C01:Cterm 的键值加 5,并返回新的键值;若该键的键值类型不能进行加值操作,则返回报错信息"ERR value is not an integer or out of range"。

18. incrbyfloat 命令

incrbyfloat 命令为键中所存储的值加上指定的浮点数增量值,如果键不存在,那么 incrbyfloat 会先将键的值设为 0,再执行加法操作,其语法格式为

> ➤ `incrbyfloat key increment`

例 2-28 将键名为 Course:C01:Cterm 的键值加 1.3。

命令:incrbyfloat Course:C01:Cterm 1.3

上述命令将键 Course:C01:Cterm 的键值加 1.3,并返回新的键值;若该键的键值类型不能进行加值操作,将返回报错信息"ERR value is not an integer or out of range"。

19. append 命令

append 命令用于为指定的键追加值。如果键已经存在并且是一个字符串,append 命令将 value 追加到键原来的值的末尾。如果键不存在,append 就简单地将给定键设为 value,就像执行 set key value 一样,其语法格式为

> ➤ `append key newvalue`

例 2-29 为键 test 的值后面添加新值"hello"(假设当前 test 的值为"Bus")。

命令:append test "hello"

上述命令为键 test 的值后面添加新值"hello",添加成功后返回 test 的长度。

20. decrby 命令

decrby 命令将指定键的值减 decrement,其语法格式为

> ➤ `decrby key decrement`

例 2-30 将键名为 Course:C01:Cterm 的键值减 5。

命令:decrby Course:C01:Cterm 5

上述命令将键 Course:C01:Cterm 的键值减 5,并返回新的键值;若该键的键值类型不能进行减值操作,将返回报错信息"ERR value is not an integer or out of range"。

2.5.4 哈希表命令

哈希表(Hash)是一个字符串(String)类型的 field(字段)和 value(值)的映射表,特别适合用于存储对象,每个哈希表可以存储 $2^{32}-1$ 个键值对。

1. hset 命令

hset 命令对指定的键设置相应的字段和值,其语法格式为

> ➤ `hset key field value`

例 2-31　在键 Students 中插入字段和值。

命令：hset Students Sname:S01 "张利"

上述命令将在键 Students 上插入字段 S01:Sname，值"张利"；若无该键，则新建键；若键中无该字段，则新建字段并赋值，返回 1；若键中已经存在该字段，则覆盖旧值，并返回 0。

2. hmset 命令

hmset 命令对指定的键设置多个字段和值，其语法格式为

➤ **hmset key field value field2 value2**

例 2-32　在键 Students 中插入字段为 S01:Sno、S01:Ssex，值分别为"S01""女"的值。

命令：hmset Students S01:Sno"S01" S01:Ssex "女"

上述命令将在键 Students 中插入字段为 S01:Sno、S01:Ssex，值分别为"S01"、"女"的值。若无键，则新建键；若键中无这些字段，则新建这些字段并赋值，返回 OK；若键中已经存在这些字段，则覆盖旧值，并返回 OK。

3. hget 命令

hget 命令用于获取指定键和字段的值，其语法格式为

➤ **hget key field**

例 2-33　查询键 Students 中字段为 S01:Sname 的值。

命令：hget Students S01:Sname

上述命令返回键 Students 中字段为 S01:Sname 的值"张利"；若不存在该键/字段，则返回空。

4. hmget 命令

hmget 命令用于获取多个键的字段的值，其语法格式为

➤ **hmget key field field2**

例 2-34　查询键 Students 中字段为 S01:Sname、S01:Sno、S01:Ssex 的值。

命令：hmget Students S01:Sname S01:Sno S01:Ssex

上述命令返回键 Students 中字段为 S01:Sname、S01:Sno、S01:Ssex 的值"张利""S01""女"。若不存在键，则返回空；若不存在字段，则对应的返回行为空。

5. hgetall 命令

hgetall 命令用于查询键的所有字段的值，其语法格式为

➤ **hgetall key**

例 2-35　查询键 Students 的所有字段的值。

命令：hgetall Students

上述命令返回键 Students 所有字段的键和值"S01：Sname""张利""S01：Sno""S01"
"S01：Ssex""女"。若不存在键,则返回空。

6. hdel 命令

hdel 命令用于删除指定键的指定字段的值(可以单个或者多个),其语法格式为

> **hdel key field1 field2**

例 2-36　删除键 Students 中的字段为 S01：Sno 和 S01：Ssex 的值。

命令：hdel Students S01：Sno S01：Ssex

上述命令将删除键 Students 的字段为 S01：Sno 和 S01：Ssex 的值;若无该键,则返回 0;
若全部/部分删除成功,则返回 1;若命令中指定的这些字段不存在,则返回 0(若部分字段存
在,则删除后返回 1)。

7. hexists 命令

hexists 命令用于查看指定键的字段是否存在,其语法格式为

> **hexists key field**

例 2-37　查询键 Students 中的字段 S01：Sname 是否存在。

命令：hexists Students S01：Sname

上述命令将查询键 Students 中的字段 S01：Sname 是否存在;若无该键,则返回 0;若存
在该字段,则返回 1;若不存在该字段,则返回 0。

8. hlen 命令

hlen 命令用于查看指定键中字段的个数,其语法格式为

> **hlen key**

例 2-38　查询键 Students 中字段的个数。

命令：hlen Students(假设目前存在 S01：Sname,S01：Ssex,S01：Sno)

执行上述命令查询键 Students 中的字段个数为 3 个,即返回 3;若无该键,则返回 0;若
不存在该字段,则返回 0。

9. hkeys 命令

hkeys 命令用于获取指定键中所有的字段,其语法格式为

> **hkeys key**

例 2-39　查询键 Students 中所有字段的名称(假设目前存在 S01：Sname,S01：Ssex,
S01：Sno)。

命令：hkeys Students

上述命令将查询键 Students 中所有字段的名称，即返回"S01:Sname"，"S01:Sno"，"S01:Ssex"；若无该键，则返回空。

10. hvals 命令

hvals 命令用于获取指定键中所有字段的值，其语法格式为

> **hvals key**

例 2-40　查询键 Students 中所有字段的值（假设目前存在 S01:Sname，S01:Ssex，S01:Sno）。

命令：hvals Students

上述命令将查询键 Students 中所有字段的值，即返回"张利"，"S01"，"女"；若无该键，则返回空。

11. hincrby 命令

hincrby 命令为键中的字段所存储的值加上指定的整数值，如果键不存在，就会自动创建一个新的哈希表并执行该命令；如果字段不存在，则自动创建一个并初始化为 0，然后再执行该命令，其语法格式为

> **hincrby key filed increment**

例 2-41　将键 Students 中的字段 S01:Sage 的值增加 3。

命令：hincrby Students S01:Sage 3

上述命令将键 Students 中字段为 S01:Sage 的值增加 3，并返回新的键值；若该键的键值类型不能进行加值操作，将返回报错信息"ERR value is not an integer or out of range"。

12. hincrbyfloat 命令

hincrbyfloat 命令为键中的字段所存储的值加上指定的浮点数增量值。如果键不存在，就会自动创建一个新的哈希表并执行该命令；如果字段不存在，则自动创建一个并初始化为 0，然后再执行该命令，其语法格式为

> **hincrbyfloat key filed increment**

例 2-42　将键 Students 中字段 S01:Sage 的值增加 3.1。

命令：hincrby Students S01:Sage 3.1

上述命令将键 Students 中字段为 S01:Sage 的值增加 3.1，并返回新的键值；若该键的键值类型不能进行加值操作，将返回报错信息"ERR value is not an integer or out of range"。

13. hscan 命令

hscan 命令用于迭代哈希表中的键值对，其语法格式为

> **hscan key cursor [match pattern] [count count]**

hscan 命令每次被调用之后,都会向用户返回一个新的游标 cursor,用户在下次迭代时需要使用这个新游标作为 hscan 命令的游标参数,以此延续之前的迭代过程,当 hscan 命令的游标参数被设置为 0 时,将开始一次新的迭代,而当服务器向用户返回值为 0 的游标时,表示迭代已结束;match 可以提供一个模式参数,让命令只返回和给定模式相匹配的元素;count 的作用就是规定每次迭代中应该从数据集里返回的元素个数,默认值为 10。

例 2-43　将键 Students 的哈希表进行遍历,遍历的字段要满足以 S01 为开头。

命令:hscan Students 0 match "S01 * "

上述命令将键 Students 的哈希表进行遍历,遍历的字段满足以 S01 为开头;若不存在该键,则返回空。

2.5.5　列表命令

列表(List)指的是字符串或数值型的列表,按照插入顺序排序,用户可以添加一个元素到列表的头部(左边)或者尾部(右边),一个列表最多可以包含 $2^{32}-1$ 个元素。

1. lpush 命令

lpush 命令将给指定的键从头部添加多个值,如果键不存在,则自动创建,其语法格式为

> **lpush key value1 value2…**

例 2-44　在键 Courses 的头部添加"高等数学""英语""离散数学"的值。

命令:lpush Courses "高等数学""英语""离散数学"

上述命令将在键 Courses 中添加"高等数学""英语""离散数学"的值,添加成功后返回 3。

2. rpush 命令

rpush 命令将给指定的键从尾部开始添加值,如果键不存在,同样自动创建,其语法格式为

> **rpush key value1 value2**

例 2-45　在键 Students 的尾部添加"张利""王芳"的值。

命令:rpush Students "张利" "王芳"

上述命令将在键 Students 的尾部添加"张利""王芳"的值,添加成功后返回 2。

3. lrange 命令

lrange 命令将获取指定键从开始位置到结束位置的值,0 表示开始元素,−1 表示最后一个元素,其语法格式为

> **lrange key 0 -1**

例 2-46　查询键 Courses 中所有的值。

命令：lrange Courses 0 -1

上述命令将查询键 Courses 中所有的值，即返回"离散数学""英语""高等数学"。

4. lpop 命令

lpop 命令将指定键头部（第一个元素）的值弹出，如果键不存在，则返回 nil；如果键存在，则返回头部元素，其语法格式为

> **lpop key**

例 2-47　弹出键 Courses 中的头部值。

命令：lpop Courses

上述命令将弹出键 Courses 中的头部值，即返回"离散数学"。

5. rpop 命令

rpop 命令将指定键尾部（最后一个元素）的值弹出，如果键不存在，则返回 nil；如果键存在，则返回尾部元素，其语法格式为

> **rpop key**

例 2-48　弹出键 Courses 中的尾部值。

命令：rpop Courses

上述命令将弹出键 Courses 中的尾部值，即返回"高等数学"。

6. llen 命令

llen 命令用于获取指定键列表的长度，如果键不存在，则返回 0，其语法格式为

> **llen key**

例 2-49　查询键 Students 的长度。

命令：llen Students

上述命令将查询键 Students 的长度，即返回 2。

7. lpushx

lpushx 命令给指定键从头部（第一个元素）开始添加值，只有键存在才能添加，若键不存在，则返回 0，并且只能添加一个值，其语法格式为

> **lpushx key value**

例 2-50　在键 Courses 的头部添加"离散数学"的值。

命令：lpushx Courses "离散数学"

上述命令将在键 Courses 的头部添加"离散数学"的值，添加成功后返回 2。

8. rpushx 命令

rpushx 命令给指定键从尾部（最后一个元素）开始添加值，只有键存在才能添加，若键不存在，则返回 0，并且只能添加一个值，其语法格式为

> ➤ **rpushx key value**

例 2-51 在键 Courses 的尾部添加"高等数学"的值。

命令：rpushx Courses "高等数学"

上述命令将在键 Courses 的尾部添加"高等数学"的值，添加成功后返回 3。

9. lrem 命令

lrem 命令用于删除指定键的指定值，若 index 大于 0，则从头部开始删除 index 个与 value 相等的值；若 index 小于 0，则从尾部开始删除 index 个与 value 相等的值；若 index 等于 0，则删除列表中所有与 value 相等的值，其语法格式为

> ➤ **lrem key index value**

例 2-52 在键 Courses 删除"高等数学"（假设当前键 Courses 中的数据为"高等数学""高等数学""离散数学""英语""高等数学"）。

命令 1：lrem Courses 2 "高等数学"

上述命令将删除键 Courses 从头部开始的 2 个"高等数学"（剩余的数据为"离散数学""英语""高等数学"）。

命令 2：lrem Courses −3 "高等数学"

上述命令将删除键 Courses 从尾部开始的 3 个"高等数学"（剩余的数据为"离散数学""英语"）。

命令 3：lrem Courses 0 "高等数学"

上述命令将删除键 Courses 中所有的"高等数学"（剩余的数据为"离散数学""英语"）。

10. lset 命令

lset 命令将指定位置上的值修改为指定值，如果指定位置不存在，则报错，其语法格式为

> ➤ **lset key index value**

例 2-53 将键 Courses 的第 1 个值改为"高等数学 1"（假设当前键 Courses 中的数据为"高等数学""高等数学""离散数学""英语""高等数学"）。

命令：lset Courses 1 "高等数学 1"

上述命令将键 Courses 的第 1 个值改为"高等数学 1"，修改成功后返回 OK。修改后数

据为"高等数学""高等数学1""离散数学""英语""高等数学"。若 index 超出数据长度,则返回报错信息"ERR index out of range"。

11. linsert 命令

linsert 命令在指定键列表中指定值的前面添加一个新值,从头开始,其语法格式为

> **linsert key before value newValue**

例 2-54　在键 Courses 中的值为"高等数学1"前添加值"高等数学2"(假设当前键 Courses 中的数据为"高等数学""高等数学1""离散数学""英语""高等数学")。

命令:linsert Courses before "高等数学1" "高等数学2"

上述命令在键 Courses 中的值为"高等数学1"前添加值"高等数学2",添加成功后返回当前键的长度。修改后数据为"高等数学""高等数学2""高等数学1""离散数学""英语""高等数学"。若指定的值不存在,则返回−1。

12. rpoplpush 命令

rpoplpush 命令将指定键的尾部元素(最后一个)弹出压入另外一个键的头部(第一个),如果两个键相同,则在同一个列表中执行尾弹头压的操作,其语法格式为

> **rpoplpush key key2**

例 2-55　将键 Courses 中的尾部元素压到键 Students 中(假设当前键 Courses 中的数据为"高等数学""高等数学2""高等数学3""高等数学1""离散数学""英语""高等数学";键 Students 中的数据为"张利")。

命令:rpoplpush Courses Students

上述命令将键 Courses 中的尾部元素压到键 Students 中,操作成功后返回弹出的元素,即"高等数学"。操作后 Courses 中的数据为"高等数学2""高等数学3""高等数学1""离散数学""英语";键 Students 中的数据为"张利""高等数学"。

例 2-56　对键 Courses 进行尾弹头压(假设当前键 Courses 中的数据为"高等数学""高等数学2""高等数学3""高等数学1""离散数学""英语")。

命令:rpoplpush Courses Courses

上述命令对键 Courses 进行尾弹头压,操作成功后返回弹出的元素,即"英语"。操作后键 Courses 中的数据为"英语""高等数学""高等数学2""高等数学3""高等数学1""离散数学"。

13. lindex 命令

lindex 命令用于通过索引获取列表中的元素。−1 表示列表的最后一个元素,−2 表示列表的倒数第二个元素,以此类推,其语法格式为

> **lindex key index**

例 2-57 查询键 Courses 中的倒数第二个元素（假设键 Courses 中的数据为"高等数学""英语""离散数学"）

命令：lindex Courses −2

上述命令将查询键 Courses 中的倒数第二个元素，操作成功后返回相应元素，即"英语"；若无该键，则返回空。

14. ltrim 命令

ltrim 命令用于对一个列表进行修剪，让列表只保留指定区间［start，stop］内的元素，不在指定区间之内的元素都将被删除。可用负数 −1 表示列表的最后一个元素，用 −2 表示列表的倒数第二个元素，以此类推，其语法格式为

> **ltrim key start stop**

例 2-58 删除键 Courses 中最后一个元素（假设当前键 Courses 中的数据为"高等数学""英语""离散数学"）。

命令：ltrim Courses 0 -2

上述命令将删除键 Courses 中最后一个元素"离散数学"，操作成功后返回 OK；若无该键，则返回空。

15. blpop 命令

blpop 命令移出并获取列表的第一个元素，如果列表没有元素，将阻塞列表，直到等待超时或发现可弹出元素为止，其语法格式为

> **blpop list timeout**

例 2-59 弹出键 Courses 中的第一个元素（假设当前键 Courses 中的数据为"高等数学""英语""离散数学"）。

命令：blpop Courses 100

上述命令将弹出键 Courses 中的第一个元素，操作成功后返回第一个元素；若无该键，则会阻塞 100s，直到时间结束或是发现可弹出元素为止。

16. brpop 命令

brpop 命令移出并获取列表的最后一个元素，如果列表没有元素，将阻塞列表，直到等待超时或发现可弹出元素为止，其语法格式为

> **brpop list timeout**

例 2-60 弹出键 Courses 中的最后一个元素（假设当前键 Courses 中的数据为"高等数学""英语""离散数学"）。

命令：brpop Courses 100

上述命令将弹出键 Courses 中的最后一个元素，操作成功后返回最后一个元素；若无该

键,则会阻塞 100s,直到时间结束或是发现可弹出元素为止。

2.5.6 集合命令

Redis 的集合(Set)是 String 类型的无序集合,集合中的成员是唯一的,不能出现重复的元素,集合通过哈希表实现,操作的复杂度都是 $O(1)$。集合中最大的成员数为 $2^{32}-1$。

1. sadd 命令

sadd 命令给指定键中添加数据,元素不重复,其语法格式为

> ➤ **sadd key value1 value2**

例 2-61 在键 Courses 中添加值"高等数学""高等数学""离散数学""英语"。

命令:sadd Courses "高等数学" "高等数学" "离散数学" "英语"

上述命令对键 Courses 添加"高等数学""高等数学""离散数学""英语"的值,返回添加的长度。操作后键 Courses 中的数据为"离散数学""英语""高等数学",重复的值被去掉。

2. smembers 命令

smembers 命令用于获取指定键中的元素,其语法格式为

> ➤ **smembers key**

例 2-62 查询键 Courses 中的元素。

命令:smembers Courses

上述命令查询键 Courses 中的元素,即返回"离散数学""英语""高等数学"。

3. srem 命令

srem 命令用于删除指定键中的指定值,其语法格式为

> ➤ **srem key value1 value2**

例 2-63 删除键 Courses 中的值"离散数学""英语"。

命令:srem Courses "离散数学" "英语"

上述命令删除键 Courses 中的"离散数学""英语",若成功删除,则返回删除的个数,否则返回 0。操作后键 Courses 中的数据为"高等数学"。

4. sismember 命令

sismember 命令用于判断指定键中的指定值是否存在,若存在,则返回 1;若不存在,则返回 0 或者该键本身,其语法格式为

> ➤ **sismember key value**

例 2-64 判断键 Courses 中是否存在"高等数学"。

命令：sismember Courses "高等数学"

上述命令用于判断键 Courses 中是否存在"高等数学"；若存在,则返回 1,否则返回 0。

4. sdiff 命令

sdiff 命令用于获取两个键的差集,其语法格式为

> sdiff key key2

例 2-65 获取键 Courses 中和键 Courses1 中不相同的元素(假设键 Courses 中数据为"高等数学""离散数学";键 Courses1 中数据为"离散数学")。

命令：sdiff Courses Courses1

上述命令获取键 Courses 中和键 Courses1 中不相同的元素,返回"高等数学"。

5. sinter 命令

sinter 命令用于获取两个键的交集,其语法格式为

> sinter key key2

例 2-66 获取键 Courses 和键 Courses1 中相同的元素(假设键 Courses 中数据为"高等数学";键 Courses1 中数据为"离散数学""高等数学")。

命令：sinter Courses Courses1

上述命令获取键 Courses 和键 Courses1 中相同的元素,返回"高等数学";若无相同的元素,则返回空。

6. sunion 命令

sunion 命令用于获取两个键的并集,其语法格式为

> sunion key key2

例 2-67 将键 Courses 和键 Courses1 中的元素合并后返回(假设键 Courses 中数据为"高等数学""英语";键 Courses1 中数据为"离散数学""高等数学")。

sunion Courses Courses1

上述命令将键 Courses 和键 Courses1 中的元素合并后返回,返回"离散数学""英语""高等数学"。

7. scard 命令

scard 命令用于获取指定键的元素个数,其语法格式为

> scard key

例 2-68 获取键 Courses 中元素的个数(假设键 Courses 中数据为"高等数学""英

语"）。

命令：scard Courses

上述命令将获取键 Courses 中元素的个数,返回 2;若不存在该键,则返回 0。

8. srandmember 命令

srandmember 命令用于随机获取指定键的一个元素,其语法格式为

> **srandmember key**

例 2-69　随机获取键 Courses 中的一个元素(假设键 Courses 中数据为"高等数学""英语")。

命令：srandmember Courses

上述命令将随机获取键 Courses 中的一个元素,返回"高等数学"(也可能是"英语");若不存在该键,则返回空。

9. sdiffstore 命令

sdiffstore 命令将两个键的差集存储到另外一个键中,其语法格式为

> **sdiffstore key key1 key2**

例 2-70　将键 Courses 和键 Courses1 的差集存储到键 DiffCourses 中(假设 Courses 中数据为"高等数学","英语";Courses1 中数据为"离散数学","高等数学")。

命令：sdiffstore DiffCourses Courses Courses1

上述命令将键 Courses 和键 Courses1 的差集存储到键 DiffCourses 中,返回差集的个数,即 1。操作后的键 DiffCourses 的数据为"英语"。

10. sinterstore 命令

sinterstore 命令将两个键的交集存储到另外一个键中,其语法格式为

> **sinterstore key key1 key2**

例 2-71　将键 Courses 和键 Courses1 的交集存储到键 InterCourses 中(假设键 Courses 中数据为"高等数学","英语";键 Courses1 中数据为"离散数学","高等数学")。

命令：sinterstore InterCourses Courses Courses1

上述命令将键 Courses 和键 Courses1 的交集存储到键 InterCourses 中,返回交集的个数,即 1。操作后键 InterCourses 的数据为"高等数学"。

11. sunionstore 命令

sunionstore 命令将两个键的并集存储到另外一个键中,其语法格式为

> **sunionstore key key1 key2**

例 2-72   将键 Courses 和键 Courses1 的并集存储到键 UnionCourses 中(假设 Courses 中数据为"高等数学","英语";键 Courses1 中数据为"离散数学","高等数学")。

命令:sunionstore UnionCourses Courses Courses1

上述命令将键 Courses 和键 Courses1 的并集存储到键 UnionCourses 中,返回并集的个数,即 3。操作后的键 UnionCourses 的数据为"离散数学""英语""高等数学"。

2.5.7　有序集合命令

Redis 的有序集合和集合一样,也是 string 类型元素的集合,且不允许有重复的成员。所不同的是,每个元素都会关联一个 double 类型的得分,Redis 正是通过得分为集合中的成员进行从小到大的排序。有序集合的成员是唯一的,但得分却可以重复。有序集合的最大成员数也为 $2^{32}-1$。

1. zadd 命令

zadd 命令将元素和得分存储到指定的键中,如果有相同的元素,则覆盖之前的元素,返回值为新加入的元素,其语法格式为

> ➤ **zadd key score name score2 name**

例 2-73   在键 Courses 中添加若干个键值及其得分,包括(1,"高等数学")、(2,"英语")、(3,"离散数学")、(1,"Java")的值。

命令:zadd Courses 1　"高等数学"　2　"英语"　3　"离散数学"　1　"Java"

上述命令将在键 Courses 中添加(1,"高等数学")、(2,"英语")、(3,"离散数学")、(1,"Java")四个元素及其得分,并返回添加的个数,即 4。

2. zscore 命令

zscore 命令根据元素查询其得分,其语法格式为

> ➤ **zscore key name**

例 2-74   查询键 Courses 中"离散数学"的得分。

命令:zscore Courses "离散数学"

上述命令将查询键 Courses 中"离散数学"的得分,即 3;若无该元素,则返回空。

3. zcard 命令

zcard 命令用于获取指定键的成员数量,其语法格式为

> ➤ **zcard key**

例 2-75   查询键 Courses 中元素的个数。

命令:zcard Courses

上述命令将查询键 Courses 中元素的个数,即 4;若无该键,则返回 0。

4. zrem 命令

zrem 命令用于删除指定键的元素,可以指定多个,其语法格式为

> **zrem key name name2**

例 2-76　删除键 Courses 中的"高等数学"和"英语"。

命令:zrem Courses "英语" "高等数学"

上述命令将删除键 Courses 中的"高等数学"和"英语",返回删除的长度,即 2;若无该键,则返回 0。

5. zrange 命令

zrange 命令用于获取指定键中起始位置到结束位置的元素,若不加 withscores,则只返回元素;若加 withscores,则将得分一并返回,得分按从小到大顺序返回,其语法格式为

> **zrange key start end withscores**

例 2-77　获取键 Courses 中从起始位置到结束位置的所有元素和得分。

命令:zrange Courses 0 -1 withscores

上述命令将获取键 Courses 中从起始位置到结束位置的所有元素和得分,即"Java" 1、"离散数学" 3;若无该键,则返回 0。

6. zrevrange 命令

zrevrange 命令以从大到小的顺序获取指定键中起始位置到结束位置的元素,其语法格式为

> **zrevrange key start end withscores**

例 2-78　获取键 Courses 中从起始位置到结束位置的所有元素和得分,得分按照从大到小顺序返回。

命令:zrevrange Courses 0 -1 withscores

上述命令将获取键 Courses 中从起始位置到结束位置的所有元素和得分,得分按照从大到小顺序返回,即"离散数学" 3 "Java" 1;若无该键,则返回 0。

7. zremrangebyrank 命令

zremrangebyrank 命令按照指定的排名范围删除元素,排名顺序按得分从小到大,从 0 开始,其语法格式为

> **zremrangebyrank key start end**

例 2-79　在键 Courses 中删除排名 1~2 的所有元素(假设 Courses 中元素为"Java" 1、"高等数学" 1、"英语" 2、"离散数学" 3)。

命令：zremrangebyrank Courses 1 2

Courses 中元素的"Java"排名是 0，"高等数学"的排名是 1，"英语"的排名是 2，"离散数学"的排名是 3，因而，上述命令将在键 Courses 中删除排名 1～2 的所有元素，剩余的数据为"Java"1，"离散数学"3，因为"Java"的排名是 0，"离散数学"的排名是 3。

8. zremrangebyscore 命令

zremrangebyscore 命令按照指定的得分范围删除元素，包含 min 和 max，其语法格式为

> ➤ **zremrangebyscore key min max**

例 2-80　在键 Courses 中删除得分为 1～2 的所有元素（假设 Courses 中元素为"Java"1、"高等数学"1、"英语"2、"离散数学"3）。

命令：zremrangebyscore Courses 1 2

上述命令将在键 Courses 中删除得分为 1～2 的所有元素，返回删除的长度，即 3。操作后剩余的数据为"离散数学"3。

9. zrangebyscore 命令

zrangebyscore 命令用于返回指定键中指定得分范围的元素并按得分从小到大的顺序返回，其语法格式为

> ➤ **zrangebyscore key min max withscores**

例 2-81　在键 Courses 中返回得分为 1～2 的所有元素，按照得分从小到大排序（假设 Courses 中元素为"Java"1、"高等数学"1、"英语"2、"离散数学"3）。

命令：zrangebyscore Courses 1 2 withscores

上述命令将在键 Courses 中返回得分为 1～2 的所有元素，按照得分从小到大排序，即返回"Java"1，"高等数学"1，"英语"2。

10. zrangebyscore 命令

zrangebyscore 命令返回指定键中指定得分范围中指定下标范围的元素，其语法格式为

> ➤ **zrangebyscore key min max withscores limit start end**

例 2-82　在键 Courses 中返回得分为 1～2 的所有元素，其下标范围为 0～1（假设 Courses 中元素为"Java"1、"高等数学"1、"英语"2、"离散数学"3）。

命令：zrangebyscore Courses 1 2 withscores limit 0 1

上述命令将在键 Courses 中返回得分为 1～2 的所有元素，其下标范围为 0～1 内，即返回"Java"1，"高等数学"1。

11. zincrby 命令

zincrby 命令将指定键中指定元素的得分在原有基础上加分，并返回增加后的得分，其

语法格式为

> **zincrby key score name**

例 2-83 在键 Courses 中为"离散数学"的得分加 4(假设 Courses 中元素为"Java" 1、"高等数学" 1、"英语" 2、"离散数学" 3)。

命令:zincrby Courses 4 "离散数学"

上述命令将在键 Courses 中为"离散数学"的得分加 4,返回 7(3+4)。若指定元素不存在,则新增一个元素,并赋值得分。

12. zcount 命令

zcount 命令用于返回指定键中指定得分范围中元素的个数,包括范围中的起始值和结束值,其语法格式为

> **zcount key min max**

例 2-84 查询键 Courses 中得分为 1~3 的所有元素个数(假设 Courses 中元素为"Java" 1、"高等数学" 1、"英语" 2、"离散数学" 7)。

命令:zcount Courses 1 3

上述命令将查询键 Courses 中得分为 1~3 的所有元素个数;若不存在该键,则返回 0。

13. zrank 命令

zrank 命令用于返回指定键中指定元素的排名,排名从小到大,起始位置从 0 开始,其语法格式为

> **zrank key name**

例 2-85 查询键 Courses 中英语的排名(从小到大)(假设 Courses 中元素为"Java" 1、"高等数学" 1、"英语" 2、"离散数学" 7)。

命令:zrank Courses "英语"

上述命令将查询键 Courses 中"英语"的排名(从小到大),返回 2;若不存在该键,则返回空。

14. zrevrank 命令

zrevrank 命令用于返回指定键中指定元素的排名,排名从大到小,起始位置从 0 开始,其语法格式为

> **zrevrank key name**

例 2-86 查询键 Courses 中"英语"的排名(从大到小)(假设 Courses 中元素为"Java" 1、"高等数学" 1 、"英语" 2、"离散数学" 7)。

命令:zrevrank Courses "英语"

上述命令将查询键 Courses 中"英语"的排名(从大到小),返回 1;若不存在该键,则返回空。

2.5.8　事务定义命令

在关系数据库中,事务是作为一个整体执行的多个语句(命令)的集合,需要满足 ACID 四个原子特性。但是,在 Redis 数据库,并没有为事务提供原子性的机制,事务的执行并不是原子性的。实际上,Redis 数据库中所定义的事务类似一个打包的批量执行脚本,中间某条指令的失败不会导致前面已做指令的回滚,也不会影响后续指令的执行。因此,Redis 数据库中的事务与传统的事务本质上是不同的。

Redis 事务的定义方法如下。

(1) MULTI 命令:用来标记 Redis 事务的开始。

(2) EXEC 命令:用来标记 Redis 事务的结束,并开始执行事务中的命令。

(3) DISCARD 命令:取消事务,放弃执行事务内的所有命令。

在执行 EXEC 命令前,Redis 命令被放入队列缓存,并不执行;在收到 EXEC 命令后开始执行队列中的命令,事务中任意命令执行失败,其余命令依然被执行;在事务执行过程,其他客户端提交的命令请求不会插到事务执行命令序列中。若执行到 DISCARD 命令,则放弃执行事务内的所有命令。

Redis 定义事务示例:

```
>MULTI
  OK
>SET book-name "Mastering C++in 21 days"
  QUEUED
>GET book-name
  QUEUED
>SADD tag "C++" "Programming" "Mastering Series"
  QUEUED
>SMEMBERS tag
  QUEUED
>EXEC
  OK
  "Mastering C++in 21 days"
  3
  "Mastering Series"
  "C++"
  "Programming"
```

2.6　应用实例

本节结合一个实例说明如何将关系数据库基本表的数据存入键值数据库。假设存在一个关系数据库 Students_Mis,其包含了三个基本表,其中 Students 基本表存储学生信息,Courses 基本表存储课程信息,Reports 基本表存储选课信息,它们的表结构及数据如下所示。

Students 基本表

Sno	Sname	Ssex	Sage	College
S01	张利	女	22	信息学院
S02	王芳	女	20	信息学院
S03	范诚欣	女	19	计算机学院
S04	李铭	男	21	计算机学院
S05	黄佳宇	男	21	理学院
S06	仇星星	男	22	理学院

Reports 基本表

Sno	Cno	Grade
S01	C01	92
S01	C03	84
S02	C01	90
S02	C02	94
S02	C03	82
S03	C01	72
S03	C02	90
S04	C03	75

Courses 基本表

Cno	Cname	Cterm	Credits
C01	高等数学	1	4
C02	英语	2	4
C03	离散数学	3	3
C04	数据库技术	4	3
C05	Java	1	2
C06	操作系统	4	3
C07	编译原理	4	3

如果要将上述三个基本表中的数据存储到 Redis 数据库中,那么首先要设计合适的键名,使得键名遵循一定的规范,然后再为键值选择合适的数据类型。

键名设计一般要遵循 2.2.1 节中介绍的命名规范,即由实体名、实体标识符和实体属性组合。对于 Students 基本表,其键名可以设计为 Students:S01:Sname、Students:S02:Sname、Students:S03:Sname 等,原先的属性值设计为键值。

表 2-3 展示了键值对数据库 Students DB,这些键值对尽量与原基本表中的元组保持一致,以体现键值存储数据的思想。

表 2-3　键值对数据库 StudentsDB

键	值	数 据 类 型
Students:S01:Sname	张利	字符串
Students:S02:Sname	王芳	字符串
Students:S03:Sname	范诚欣	字符串
……	……	……
Students:S01:Sex	女	字符串
Students:S02:Sex	女	字符串

续表

键	值	数 据 类 型
Students：S03：Sex	女	字符串
……	……	……
Students：S01：Sage	22	数值
Students：S02：Sage	20	数值
Students：S03：Sage	19	数值
……	……	……
Students：S01：Dname	信息学院	字符串
Students：S02：Dname	信息学院	字符串
Students：S03：Dname	计算机学院	字符串
……	……	……
Courses：C01：Cname	高等数学	字符串
Courses：C02：Cname	英语	字符串
Courses：C03：Cname	离散数学	字符串
……	……	……
Courses：C02：Cterm	1	整数
Courses：C03：Cterm	2	整数
Courses：C04：Cterm	3	整数
……	……	……
Courses：C01：Credits	4	数值
Courses：C02：Credits	4	数值
Courses：C03：Credits	3	数值
……	……	……
Reports：S01：Cno：Grade	C01 92，C03 84	哈希值
Reports：S02：Cno：Grade	C01 90，C02 94，C03 82	哈希值
Reports：S03：Cno：Grade	C01 72，C02 90	哈希值
……	……	……

对于 Reports 基本表中的数据,采用散列表数据类型存储一个学生选修的所有课程,如 S02 这个同学选修了 3 门课程,那么同时将这三门课程的课程号和成绩作为 Reports：S02：Cno：Grade 键的键值。

在实际应用中,可以对该键值对进行进一步优化,如将 Reports：S02：Cno：Grade 中的课程代码替换为课程名,这样就能够直接查询学生的课程名和成绩,减少查询的次数,同时也可以灵活地使用列表、集合等数据类型存储,使得查询效率更高。

2.7   本 章 小 结

键值数据库是最简单的一种 NoSQL 数据库,其数据模型采用关联数组。键是用来查询值的唯一标识符,可以是字符串和整数;值可以是字符串、整数、散列表、列表等多种数据类型。

键名设计时需要制定合理的命名规范,使得键名的构造遵循一定的规律,这样可以通过动态构造键名进行查询。键值对的集合构成了命名空间,对应一个数据库实例,在同一个命名空间,键名不可以重复。一般只能通过键名查找键值,不可以直接查询键值。

键值数据库的模型简单、访问速度极快、系统易于缩放,不需要提前设计复杂的纲要,适合于高吞吐量的数据密集型操作,其不足之处在于不能直接查询键值。

Redis 是一个基于内存和可持久化的键值数据库,性能极高,支持丰富的数据类型,通过所提供的各类命令对键值对进行操作。

2.8   习   题

1. 键值数据库的数据模型是什么?

2. 键值数据库的键名设计需要遵循什么规范,这样做有什么好处?

3. 键值数据库的主要优点是什么?

4. 键值数据库如何进行数据分区?

5. Redis 如何定义一个事务? 所定义的事务与关系数据库的事务有何不同?

6. 将 2.6 节中的数据全部存储到 Redis 键值数据库中,再根据以下要求写出相应的命令。

(1) 查询学号是 S01 的学生姓名。

(2) 查询学号是 S01 的学生年龄。

(3) 查询学号是 S01 的学生选修课程号和成绩。

(4) 查询课程号是 C01 的课程名。

(5) 查询学号是 S01 的学位选修课程的课程名及成绩。

文档数据库

文档数据库是以文档为基本单位存储数据的一种 NoSQL 数据库。文档数据库允许创建任意复杂的结构模式,具有非常高的灵活性,而且具有类似关系数据库的强大查询和统计功能。当键值数据库无法满足较为复杂的数据建模需求时,通常会考虑文档数据库。本章从理论方面介绍文档与其描述方法、集合与结构设计、文档关系建模和数据分区等内容;从技术方面以 Mongo 文档数据库为例,介绍相应的操作语句;最后给出一个文档数据库的应用实例。

3.1 文档及其描述方法

3.1.1 文档概念

文档数据库中"文档"的含义不同于一般意义上的"文档",如 Word、HTML 或者 PDF 等文档。实际上,文档数据库中的文档(Document)指的是若干个键值对(也可以称为"列名称"和"列值"、"字段名"和"字段值")的有序集合,而键值对是由键和值组成的,且每个键值对只能出现一次。

下面是一个以 JSON 格式描述的文档。

```
{
    name: 'Kitty',
    age: 28,
    status: 'B',
    groups: ['Dance', 'Sports'],
    Address: {street: 'Hangzhou Zhaohui road', ZipCode:'320014'}
}
```

上述文档的开始和结束分别是一对大括号,里面包含 5 个键值对,第一个键值对的键名是 name,键值是字符串"Kitty";第二个键值对的键名是 age,键值是数值 28;第三个键值对的键名是 status,键值是字符串"B";第四个键值对的键名是 groups,键值是一个数组,包含两个数组元素;第五个键值对的键名是 Address,键值是一个子文档,该子文档包括两个键值对。由此可见,文档中的键值对既可以是简单数据类型,也可以是复杂数据类型,这为设计文档数据库提供了极大的灵活性。

文档数据库中的文档包含了多个键名及其对应的键值,其实这与关系数据库中的基本表类似,所不同的是基本表中除表头外都是以元组形式存储数据。而文档数据库中的每个文档都有自己的键(属性)和键值(属性值)。与键值数据库相比,文档数据库损失了一定的性能,但能够一次性存储更多的键值对;与关系数据库相比,文档数据库提供了灵活性,不需要预先设计文档结构,开发者可以在数据写入时根据需要灵活定义文档结构,而在关系数据库中,往往要先设计好表结构。

3.1.2　文档描述

　　文档通常用 JSON 格式编写,也可以用 XML 格式描述。JSON(JavaScript Object Notation)是一种轻量级的数据交换格式,它采用完全独立于编程语言的文本格式存储和表示数据,其简洁和清晰的层次结构使得 JSON 成为理想的数据交换语言,它易于阅读和编写,同时也易于机器解析和生成,并有效地提升网络传输效率。

　　本书仅以 JSON 描述文档,在 JSON 使用时需要遵循以下语法规则。
- 以左大括号"{"开头,以右大括号"}"结尾。
- 数据以键值对的形式出现。
- 键值对之间以逗号分隔。
- 键名是字符串,表示某个属性。
- 键值可以是数值、字符串、逻辑值、数组、对象或 Null,表示具体值。
- 数组里的各个元素放在中括号[]中。
- 键值也可以键值对的形式表示,放在一对大括号{}中。

　　键名一般用字符串表示,也称为属性名、字段名;键值可以是基本的数据类型,如数值、字符串和 Boolean 型,也可以是结构化的数据类型,如数组、对象或子文档等,键值也称为属性值、字段值。因此,文档中既有结构化的信息,又包含数据本身。下面是用 JSON 描述的一个较复杂的文档。

```
{
    book_id: "B01",
    book_name: "红岩",
    author: {
        author_id: "A01",
        author_name: "罗广斌",
        address: "浙江省杭州市西湖区",
        zipcode: "315131",
        email: "guangbin@ yahoo.com"
    },
    price:36,
    publisher:"中国青年出版社"
}
```

　　上述文档中,键 author 的值是一个子文档,该子文档包括若干个键值对。

3.2 集合及其结构

3.2.1 集合概念

集合(Collection)由一组相关的文档构成,同一集合内的文档结构可以不同。集合没有类似关系数据库基本表的数据类型和约束等要求,无须提前为集合中的文档定义模式,可直接在集合中插入文档,且文档结构由开发者自己定义。从概念上,集合可被视作关系数据库的基本表,文档被视作元组。

下面是一个包含了 2 个文档的集合,第一个文档是"Sue"的信息,第二个文档是"Kitty"的信息,这里两个文档的结构是相同的。

```
{
    name: 'sue',
    age: 26,
    status: 'A',
    groups: ['Sing', 'Sports'],
    address: {street: 'Hangzhou Liuhe road', ZipCode: '003210'}
}
{
    name: 'Kitty',
    age: 28,
    status: 'B',
    groups: ['Dance', 'Sports'],
    address: {street: 'Hangzhou Zhaohui road', ZipCode: '320014'}
}
```

一般地,集合内的文档通常都与同一个主题相关,如产品、学生、课程、事件等。不同的主题虽然也可以存储在同一集合内,但会显得比较混乱,不建议这样存储。相同主题的各个文档不需拥有完全相同的结构。如果有 10% 的文档需要记录属性 A 和属性 B,就不应该强迫另外 90% 的文档也记录这些内容。例如,下面的集合中存储了三个学生文档,其结构并不相同。

```
{
    UserId: "1001",
    UserName: "张三",
    PassWord: "123456"
}
{
    UserId: "1002",
    UserName: "李四",
    PassWord: "123456",
    Detail: { "Address": "湖北", "Age": 20, "Email": "lisi@ 163.com" }
```

```
}
{
    UserId: "1003",
    UserName: "赵六",
    PassWord: "123456",
    Detail: { "Address": "湖北" },
}
```

多个不同的文档集合构成一个文档数据库。

3.2.2　集合结构

集合包括一组类似的文档,而文档自身也可以包含子文档,这些子文档称为嵌入式文档。通过嵌入式文档,能够将相关的文档放在一块,从而不需要使用连接操作就可以直接查询完整的数据。图 3-1 是一个一般的集合结构,该集合包含多个文档,每个文档又包含嵌入式文档。

在关系数据库中,数据与联系存储在不同的基本表中。例如,如果要存储学生基本信息、课程信息以及学生的选修课信息,至少要用到 3 张基本表,然后通过外键在这些基本表之间建立联系。在查询学生的选修课情况时,再通过连接操作将这些基本表连接起来。连接操作涉及大量数据,导致高昂的读写开销,将会影响查询性能。

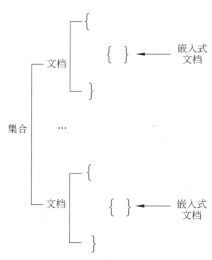

图 3-1　包含了嵌入式文档的集合

在文档数据库中,数据与联系可以存储在同一文档中,其目的是提高数据查询的性能,这种设计方法称为"去规范化"。去规范化与规范化的设计方法正好相反,其目的是减少连接操作引起的读写开销,以改善查询性能。当然,去规范化很容易产生数据冗余和数据不一致性,数据一旦被写入,就不再更新,这样做也是合理的。如图 3-2 所示,左侧有两个文档,一个文档存储了订单的信息,另一个文档存储了订单对应的商品信息下,右侧将这两个文档合并为一个文档,商品信息作为一个子文档存储在订单文档中。

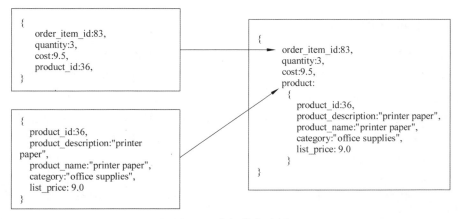

图 3-2　去规范化示例

3.2.3   无模式数据库

模式在数据库中是一个重要的概念。一般地,在数据库中模式指数据的"结构"或"纲要"。在关系数据库中,模式就是关系模式,也称为表结构。关系数据库要求设计者预先设计关系模式(表结构),即先定义模式名、列、主键、外键和其他约束等。此外,为了减少数据冗余、消除数据异常,关系数据库采取关系模式分解,将一个比较大的关系模式分解为若干小的关系模式,分解后的关系模式一般都要满足一些范式要求,如第一范式、第二范式、第三范式等。这种将一个低级别的关系模式通过分解转换为一组高级别范式的过程称为规范化。规范化是设计关系模式的重要理论依据,因此关系数据库中的关系模式是规范化的模式集。

然而,关系数据库规范化也带来以下两个问题:

(1) 规范化之后得到许多小的关系模式,在进行查询操作时必须将这些关系模式连接(Join)起来才能查询到比较全面的信息,而连接操作往往需要占用不少的内存资源,查询性能不高。

(2) 关系模式的模式结构往往是固定的,无法满足应用灵活多变的需求。例如,要设计一个基本表来存储商品数据,但商品的属性个数可能不一致,甚至商品的属性个数是未知的,此时就难以设计一个固定的模式。

与关系数据库相比,文档数据库不需要预先指定模式结构,属于无模式数据库或去规范化数据库。这个特点使得文档数据库具有更高的灵活性,由应用程序在使用过程中灵活地定义具体的模式,可以随时向集合中添加文档,并定义键值对。

实际上,文档数据库的同一个集合可以存储不同类型的文档,也可以具有不同的结构,没有限定性规范来约束文档的结构。文档数据库的这种无模式结构为应用程序提供了灵活性。

3.3   文档关系建模

根据文档与文档之间的逻辑关系,可以使用嵌入式文档或引用标识符对文档结构进行建模。

3.3.1   一对多的文档关系

若对于文档集合 A 中的每一个文档,文档集合 B 中有多个文档与之联系,反之,对于文档集合 B 中的每一个文档,文档集合 A 中至多有一个文档与之联系,则称文档集合 A 与文档集合 B 具有一对多的文档关系。

在一对多的文档关系中,表示"一"的文档称为主文档,而表示"多"的文档则用嵌入式文档构成的数组表示,并通过数组作为主文档的键值。例如,某客户有 2 个地址,此时可以通过嵌入式文档描述客户和地址的关系,示例如下。

```
{
    person_id:319,
```

```
        name:"RuiZhao",
        occupation:"teacher",
        address: [
                    {street:"Zhaohui road", zip: 310014},
                    {street:"Liuhe road", zip:310032}
                 ]
    }
```

上述文档中的主文档是客户的基本信息,地址以数组的形式存储了两个嵌入式文档,每个嵌入式文档对应一个地址。通过嵌入式文档所构成的数组能够灵活地表示一对多的文档关系。

3.3.2 多对多的文档关系

若对于文档集合 A 中的每一个文档,文档集合 B 中有多个文档与之联系,反之,对于文档集合 B 中的每一个文档,文档集合 A 中也有多个文档与之联系,则称文档集合 A 与文档集合 B 具有多对多的文档关系。例如,一名学生可以选修多门课程,一门课程也可以有多名学生选修;一个订单可以包含多个产品,一个产品也可以包含在多个订单中。

对于多对多的文档关系,首先对这两类实体集分别构建一个文档集合,例如先构建一个学生文档集合,该集合存储了每个学生的文档;再构建一个课程文档集合,该集合存储了每个课程的文档;然后在各自的文档中分别加入一份其对应文档的标识符列表。比如课程 maths 有三个学生选修,学生 Hua Zhang 选修了三门课,那么这两个文档可以描述如下。

```
{                                            {
  course_id: C01,                              StudentID: 'S01',
  name:"maths",                                name:"HuaZhang",
  credits: 4                                   courses: [ 'C01','C02','C03']
  enrolledStudents:[ 'S01','S02','S03']      }
}
```

在文档数据库中,文档标识符是一个文档的唯一标识。可以通过文档标识符引用相关的文档,而不是把整份文档直接嵌入,这有助于减少数据冗余。需要注意的是,在文档数据库中没有参照完整性约束,文档之间的引用与被引用关系需要由开发者管理,在使用的时候要特别注意。

实际上,对于一对多的文档关系,也可以采用文档标识符的方法在文档之间建立相应的关系,例如计算机学院包含计算机系、软件工程系和物联网系,那么在计算机学院的文档中可以增加一个列表,指向这三个系的文档标识符。

```
{
  College:'C01',
  name:'College of Computer Science and Technology'
  head: 'Gang Zhang'
```

```
    dept:['D01', 'D02','D03']
}
```

通过嵌入式文档和文档标识符能够对文档的多种关系进行建模,具体采用何种方式取决于查询文档的效率以及维护文档的方便性,可以灵活设计。

3.4　文档数据分区

互联网环境下,文档的体量巨大,如果将所有文档存储在一台服务器上,会导致服务器访问压力过大。为此,需要将数据进行分区,即按照某种策略将数据从逻辑上划分为若干组成部分,每个组成部分称为一个数据分区,然后将这些分区分别存储在不同的集群节点上,从而提高数据访问性能和可扩展性。文档数据库的分区策略主要有两种:一种是文档垂直分区;另一种是文档水平分区。

3.4.1　文档垂直分区

文档垂直分区是指将一个文档的键值对按照某种策略分别存储在不同的集群节点上,此时每个分区包含了文档的不同键值对。例如,学生文档包含了学号、姓名、年龄、成绩和课外活动键值对,可以将学号、姓名、年龄和成绩键值作为一个数据分区存储在一个节点,将课外活动作为另外一个数据分区存储在另外一个节点,如图 3-3 所示。

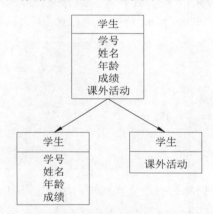

图 3-3　垂直分区:按键值对进行分区

显然,垂直分区把一个文档的数据分别存储在不同的分区上,这种策略往往很少采用,除非一个文档的一部分数据很少被访问,而另外一部分数据被频繁使用,这时候垂直分区才是有益的。

3.4.2　文档水平分区

文档水平分区是指将文档按照某一策略分别存储在不同的集群节点上。划分之后得到的数据分区称为"分片",每个分片拥有文档的全部键值对。

键值数据库中每个键值对存储在哪个分区是由键名决定的,实现的一般策略是通过哈希函数得到键名的哈希值,然后根据哈希值决定将该键值对存储到哪个节点上。文档数据库的每个文档有多个键值对,可以选择其中一个键作为依据对文档进行分区。用来对文档进行分区的键称为分区键。分区算法根据分区键将文档映射到不同的集群节点上。分区键一般选择便于对文档进行分类的键,如类型、日期、地域等。图 3-4 是按照季度对文档进行分区,其中每个季度是一个分区,这样文档数据会被均衡地存储在集群节点上。

图 3-4   水平分区:按季度分区

分区算法一般采用哈希算法实现,也可以采用其他算法,例如根据属性的不同类别将文档存储在不同的分区上。

3.5   MongoDB 数据库

3.5.1   概述

MongoDB 自 2009 年 2 月推出,经过多年的发展已经趋于成熟,是一个分布式开源文档数据库管理系统,提供了具有可扩展性的高性能数据存储方案,具有以下特点。

（1）每个集合可以存储不同的文档,不同文档的结构和大小有差异。

（2）不支持复杂的连接操作。

（3）提供了丰富的查询功能,支持对文档的动态查询。

（4）支持索引,通过创建索引可以提高查询性能。

（5）支持分布式文件,易扩展。

（6）使用内存存储文档,速度快。

（7）支持 C、C++、Java、PHP、Python 等多种应用程序开发语言。

MongoDB 使用 BSON(Binary JSON)格式描述文档。BSON 是一种类 JSON 的存储格式,支持内嵌的文档对象和数组对象,具有轻量性、可遍历性、高效性等特点。MongoDB 与关系数据库之间的术语对应关系如表 3-1 所示,熟悉这些术语便于更快地理解 MongoDB。

表 3-1   MongoDB 与关系数据库之间的术语对应关系

MongoDB 术语	关系数据库术语	含 义 说 明
数据库	数据库	数据库
集合	基本表	集合对应基本表
文档	元组	文档对应表中的元组
键值对	字段和字段值	键名对应字段名,键值对应字段值
索引	索引	索引

MongoDB 术语	关系数据库术语	含义说明
文档 ID	主键	MongoDB 自动将_ID 键设置为主键
/	连接操作	MongoDB 不支持连接操作;关系数据库支持连接操作

下面以图书、作者、客户及其订单信息表为例,介绍 MongoDB 提供的查询语句。

(1) Books 图书信息表(见表 3-2)。

表 3-2　Books 图书信息表

book_id	book_name	author_id	price	publisher
B01	3D MAX 标准教程	A01	38	人民邮电出版社
B02	Windows 2000 网络管理	A02	40	北京航空航天大学出版社
B03	MySQL 数据库开发教程	A01	45	人民邮电出版社
B04	3D MAX 从入门到精通	A01	45	国防工业出版社
B05	西湖民间故事	A03	19	浙江文化出版社
B06	世界尽头与冷酷仙境	A04	19	作家出版社
B07	挪威的森林	A04	19	作家出版社
B08	寻羊冒险记	A04	20	作家出版社
B09	Linux 常见问题与技巧	A06	24	铁道出版社
B10	Office XP 入门与提高教程	A06	33	铁道出版社
B11	Office XP 办公自动化教程	A06	31	铁道出版社

(2) Authors 作者信息表(见表 3-3)。

表 3-3　Authors 作者信息表

author_id	author_name	address	zipcode	email
A01	刘耀儒	浙江省杭州市西湖区	310023	633423434@qq.com;
A02	王晓明	北京市东城区	100010	lxm@163.com
A03	卫慧	湖北省武汉市洪山区	430070	weihui@163.com
A04	村上春树	江苏省苏州市相城区	215131	cunshang@yahoo.com
A05	陈丹燕	江苏省南京市江宁区	211100	danyan@zjut.edu.cn
A06	张星	浙江省杭州市下城区	310000	zhangxing@163.com

(3) Clients 客户信息表(见表 3-4)。

表 3-4　Clients 客户信息表

client_id	client_name	address	zipcode	tel
C01	赵军	上海市浦东新区川	200120	13749302134
C02	李铁	海南省海口市美兰区	570100	15908204668
C03	夏添	北京市海淀区	100191	13925888532

（4）Orders 订单信息表（见表 3-5）。

表 3-5　Orders 订单信息表

order_id	book_id	book_number	order_date	client_id	comments
O01	B01	500	2003-01-01	C01	A
O02	B05	350	2003-02-28	C02	A
O03	B04	800	2001-10-11	C01	A
O04	B10	1000	2002-07-04	C03	B

3.5.2　数据库管理

MongoDB 拥有如下三个自带的数据库。

（1）admin 数据库：用于存储用户和角色等信息，如果将一个用户添加到这个数据库，这个用户自动继承所有数据库的权限。

（2）local 数据库：用来存储副本集的配置信息，数据不能被复制到其他节点。

（3）config 数据库：在分片设置时用于保存分片的相关信息。

除上述三个自带的数据库外，用户可以自己创建数据库，但数据库名称应该符合以下命名规则：

（1）数据库名不能是空的字符串，不能以数字开头。

（2）数据库名不能含有空格、.、$、/、\和\0（空字符）等特殊符号。

（3）数据库名应大小写敏感。

（4）数据库名长度最多为 64B。

如果用户不定义自己的数据库名称，则默认操作的数据库名称为"test"。

1. 创建数据库

> **use DATABASE_NAME**

如果数据库名不存在，则创建该数据库；如果数据库名存在，则切换到指定数据库。实际上，只有当插入文档时才会真正创建该数据库。

例 3-1　创建 BookDB 文档数据库，其语句为

```
use BookDB
```

以上语句创建一个名为 BookDB 的文档数据库，并切换到该数据库。在向新创建的数据库插入文档之前，该数据库不会被真正创建。

2. 显示数据库

> **show dbs**

上述语句可以显示数据库的列表。

例 3-2　查看当前服务器上的所有文档数据库,其语句为

```
show dbs
```

刚才创建的数据库 BookDB 并不在数据库的列表中,如果要显示它,需要向 BookDB 数据库插入一些文档,这时数据库 BookDB 才能被真正创建,并通过上述语句显示出来。

3. 删除数据库

➢ **db.dropDatabase()**

上述语句将删除当前数据库,其中的 db 将引用当前操作的数据库。

3.5.3　集合管理

在 MongoDB 中,集合是一组相关的文档,类似于关系数据库中的基本表。

1. 创建集合

➢ **db.createCollection(name, options)**

参数说明如下。
- name:要创建的集合名称。
- options:可选参数,指定相关选项,具体包括以下四个。

(1) capped:布尔值,如果为 true,则创建固定集合(Capped Collections),即集合的大小是固定的,当达到最大值时,它会自动覆盖最早的文档;当该值为 true 时,必须指定 size 参数。

(2) autoIndexId:布尔值,3.2 版本之后不再支持该参数,默认为 false;如果为 true,则自动在_id 键名创建索引。

(3) size:数值,定义固定集合的大小,单位为千字节。

(4) max:数值,指定固定集合文档的最大数量。

一般情况下创建的集合是没有大小的,可以一直向集合中添加文档,集合可以动态增长。如果创建的是固定集合,那么这种集合的大小是固定的。例如,在创建的时候设置该集合中文档的数量为 1000 个,那么当插入的文档数量达到 1000 个时,再向集合中插入文档,则只会保留最新的 1000 个文档,之前的文档会被删除。此外,固定集合的文档按照插入顺序存储,默认情况下查询就是按照插入顺序返回。

此外,对固定集合中的文档可以进行更新,但更新不能导致文档大小变化,否则更新将失败。例如,假设集合中有一个 key,其 value 对应的数据长度为 100B,如果要更新这个 key 对应的 value,更新后的值也必须为 100B。

例 3-3　在 BookDB 中创建一个集合 Books,其大小为 2048KB,若其已满,则删除旧的文档,最多存放 1000 个,其语句为

```
db.createCollection("Books",{capped:true,size:2048,max:1000})
```

2. 查看集合

> **show collections 或 show tables**

上述语句可以查看当前数据库上已创建了哪些集合。

例 3-4　显示 BookDB 中的所有集合,其语句为

```
showcollections
```

可以看到,Books 集合已经创建成功。

3. 删除集合

> **db.COLLECTION.drop()**

上述语句可以删除指定的集合,**COLLECTION** 是要删除的集合名称。

例 3-5　删除 Books 集合,其语句为

```
db.Books.drop()
```

上述语句将会删除 Books 集合,集合中的文档也被同时删除。

3.5.4　文档管理

1. 插入文档

1) insert 语句

> **db.COLLECTION.insert(document)**

将文档插到集合 COLLECTION 中。若插入的数据主键已经存在,则会抛出异常,提示主键重复,不保存当前数据。

例 3-6　在 Books 集合中插入"挪威的森林"文档,将作者信息作为文档的嵌入式文档,其语句为

```
db.Books.insert(
    {
        book_id:"B07",
        book_name:"挪威的森林",
        author:{
        author_id:"A04",
        author_name:"村上春树",
        address:"江苏省苏州市相城区",
        zipcode:"215131",
        email:"cunshang@yahoo.com"
```

```
    },
    price:19,
    publisher:"作家出版社"
    }
)
```

上述语句将插入一个文档,键名 author 的键值是一个嵌入式文档。

2）insertOne 语句

> **db.COLLECTION.insertOne(document)**

通过上述语句,可以向集合 **COLLECTION** 中插入一个文档。

例 3-7   在 Books 集合中插入图书编号是 B02 的图书信息,其语句为

```
db.Books.insertOne(
    {
        book_id:"B02",
        book_name: "Windows2000 网络管理",
        author_id: "A02",
        price:40,
        publisher:"北京航空航天大学出版社"
    })
```

3）insertMany 语句

> **db.COLLECTION.insertMany([<document1>, <document2>, ...], {writeConcern: < document>, ordered: <boolean>})**

参数说明如下。

- writeConcern:表示指定写入策略,默认为 1,即要求确认写操作,0 为不要求。
- ordered:表示是否按顺序写入,默认为 true,要求按顺序写入。

该语句可以向集合中一次插入一个或多个文档。

例 3-8   在 Books 集合中插入"Office XP 入门与提高教程"和"Office XP 办公自动化教程"两个文档,其语句为

```
db.Books.insertMany(
    [
        {
            book_id:"B10",
            book_name: "Office XP 入门与提高教程",
            author_id: "A06",
            price:33,
            publisher:"铁道出版社"
```

```
        },
        {
                book_id:"B11",
                book_name: "Office XP办公自动化教程",
                author_id: "A06",
                price:31,
                publisher:"铁道出版社"
        }
])
```

除用户可以为每个文档设置有意义的标识符以区分不同文档外，MongoDB 还自动为每个文档设置了一个_id 主键，默认情况下是 Objectid 对象，是自动生成的，这个值在当前集合中是唯一的，应用程序可以使用_id 值标识文档。

2.更新文档

（1）Update 语句

> **db.COLLECTION.update(\<query\>, \<update\>, {upsert: \<boolean\>, multi: \<boolean\>, writeConcern: \<document\>})**

参数说明如下。
- query：更新的条件；如果有条件，则只更新符合条件的文档。
- update：更新的对象和更新的操作符，具体包括以下更新操作符。
  {$set:{field:value}}：把文档中某个 field 的值设为 value。
  {$inc:{field:value}}：把文档中某个数值型的 field 增加一个 value 值。
  {$unset:{field:0}}：删除某个 field。
  {$push:{field:value}}：把 value 追加到数组 field 里，如果数组 field 不存在，则会自动插入一个数组类型。
  {$addToSet:{field:value}}：加一个值到数组 field 中，而且只有当这个值在数组中不存在时才增加。
  {$pull:{field:value}}：从数组 field 中删除一个等于 value 的值。
  {$rename:{old_field_name:new_field_name}}：对 field 进行重命名。
- upsert：可选参数，如果不存在所要更新的记录，是否插入一个新文档，true 为插入，默认是 false，不插入。
- multi：可选参数，默认是 false，只更新找到的第一个文档，如果这个参数为 true，就把符合条件的文档全部更新。
- writeConcern：可选，抛出异常的级别。

例 3-9 将 Books 集合中所有图书的价格统一增加 10 元，其语句为

```
db.Books.update({"price":{"$exists":true}},{$inc:{price:10}},false,true)
```

上述语句中 $exists 的作用是判断键 price 是否存在，$inc 的作用是将键 price 加上一

个数值;false 的作用是如果不存在键 price,则取消更新;true 的作用是如果有多个文档符合条件,则全部更新。

例 3-10 将 Books 集合中的书名"挪威的森林"修改为"森林甲壳虫",其语句为

```
db.Books.update({"book_name":"挪威的森林"},{$set:{"book_name":"森林甲壳虫"}})
```

由于 Books 是固定集合,因此要求更新后的键值长度与之前的长度保持一致。

例 3-11 将 Books 集合中书名为"Windows 2000 网络管理"的文档中的键"price"删除,其语句为

```
db.Books.update({"book_name":"Windows 2000 网络管理"},{$unset:{"price":0}})
```

在上述语句中,注意 unset 这个操作符只识别键名,值可以是任意的(true、1 或者其他值),只要给出要删除的键名即可。

为展示更多的例子,假设 MongoDB 中已创建集合 Students,且存在两个相关文档,信息如表 3-6 所示。

表 3-6 两个相关文档的信息

stu_name	subjects
李明	C、C++
小刚	MySQL、SQL

例 3-12 将"MySQL"这门课程加到李明的 subjects 中,其语句为

```
db.Students.update({"stu_name":"李明"},{$push:{"subjects":"MySQL"}})
```

例 3-13 将"C"和"C++"这两门课程加到小刚的 subjects 中,其语句为

```
db.Students.update({"stu_name":"小刚"},{$push:{"subjects":{$each:["C","C
++"]}}})
```

例 3-14 将"SQL"这门课程加到李明的 subjects 中,其语句为

```
db.Students.update({"stu_name":"李明"},{$addToSet:{"subjects":"SQL"}})
```

例 3-15 将"SQL"这门课程从李明的 subjects 中删除,其语句为

```
db.Students.update({"stu_name":"李明"},{$pull:{"subjects":"SQL"}})
```

例 3-16 将 Students 集合中的 stu_name 键名改为 name,其语句为

```
db.Students.updateMany( {}, { $rename: { "stu_name": "name" } } )
```

2) save 语句

插入或更新已存在的文档。

> **db.COLLECTION.save(<document})**

如果指定_id 键,则会更新该_id 的数据,根据其键值对对原有键值对重新修改;如果不指定_id 键,则是插入文档,类似 insert()。

3. 删除文档

1）remove 语句

> **db. COLLECTION. remove (< query >, {justOne: < boolean >, writeConcern: < document>})**

参数说明如下。
- query：设置删除文档的条件;如果没有条件,则删除所有文档。
- justOne：如果设为 true 或 1,则只删除一个文档;如果不设置该参数,或使用默认值 false,则删除所有匹配条件的文档。
- writeConcern：可选参数,抛出异常的级别。

例 3-17 将 Books 集合中 book_id 是 B14 的文档删除,其语句为

```
db.Books.remove({"book_id":"B14 "})
```

上述语句可以删除多个匹配的文档。

2）deleteOne 语句

> **db.COLLECTION.deleteOne ()**

例 3-18 将 Books 集合中 book_id 是 B14 的文档删除,其语句为

```
db.Books.deleteOne({"book_id":"B14 "})
```

上述语句只删除第一个匹配的文档。

3）deleteMany 语句

> **db.COLLECTION.deleteMany ()**

例 3-19 删除集合 Books 中"铁道出版社"的文档,其语句为

```
db.Books.deleteMany ({"publisher":"铁道出版社"})
```

上述语句将删除所有匹配到的相关文档。

3.5.5 文档查询

1. 查询语句

MongoDB 的查询语句是 find 语句,用于查询符合条件的文档。

> **db.COLLECTION.find(query,projection)**

- query：可选参数,使用查询操作符指定查询条件。
- projection：可选参数,使用投影操作符指定返回的键值对;若没有该参数,则返回文档中所有的键值对。

例 3-20 查询 Books 集合中的所有文档,显示所有的键值对,其语句为

```
db.Books.find()
```

上述查询语句将查询 Books 集合中所有的文档和文档内所有的键值对。

2. 格式化输出

如果要对查询的结果进行格式化输出,就需要使用 pretty() 语句,其语法格式如下。

> **db.COLLECTION.find().pretty()**

例 3-21 查询 Books 集合中的所有文档,显示所有的键值对,并将结果格式化,其语句为

```
db.Books.find().pretty()
```

通过 pretty() 语句能够将结果输出格式化,各键值对分行输出,方便阅读。

3. 查询表达式

在 find 语句中,可以通过 query 参数设置查询条件,这与 SQL 的 Where 条件语句类似。常用的查询条件如表 3-7 所示。

表 3-7 常用的查询条件

条 件	格 式	范 例	含 义
等于	{<key>:<value>}	find({"name":"SQL 教程"})	name = 'SQL 教程'
小于：$ lt	{<key>:{ $ lt:<value>}}	find({"price":{ $ lt:50}})	price < 50
小于或等于：$ lte	{< key >:{ $ lte:< value >}}	find({"price":{ $ lte:50}})	price <= 50
大于：$ gt	{<key>:{ $ gt:<value>}}	find({"price":{ $ gt:50}})	price > 50
大于或等于：$ gte	{< key >:{ $ gte:< value >}}	find({"price":{ $ gte:50}})	price >= 50
不等于：ne:	{<key>:{ $ ne:<value>}}	find({"price":{ $ ne:50}})	price! = 50

例 3-22 查询 Books 集合中 book_id 是 B07 的文档,并格式化显示,其语句为

```
db.Books.find({"book_id":"B07"}).pretty()
```

例 3-23 查询 Books 集合中价格大于 20 元的文档,并格式化显示,其语句为

```
db.Books.find({"price":{$gt:20}}).pretty()
```

4. 逻辑表达式

在 find 语句中,可以通过 query 参数设置多个查询条件,此时需要用到逻辑表达式。

1) 逻辑与

query 参数可以传入多个键,每个键以逗号隔开,这些条件之间的关系是 AND 条件。

```
>find({key1: value1, key2:value2})
```

2) 逻辑或

采用 $ or 关键字表达逻辑或。

```
>find({$or: [{key1: value1}, {key2:value2}]})
```

例 3-24　查询 Books 集合中 book_id 是 B07 或 B09 的文档,并格式化显示,其语句为

```
db.Books.find({$or:[{"book_id":"B07"},{"book_id":"B09"}]}).pretty()
```

例 3-25　查询 Books 集合中出版社为"铁道出版社"且价格超过 31 元的图书,并格式化显示,其语句为

```
db.Books.find({"publisher":"铁道出版社","price":{$gt:31}}).pretty()
```

5. 投影查询

使用 projection 投影操作符指定返回的键,如果没有该参数,则返回所有键值对。

例 3-26　查询 Books 集合中价格等于 29 元或等于 30 元的文档,只查询 book_name 和 publisher,并格式化显示,其语句为

```
db.Books.find({$or:[{ "price":29}, { "price":30}]}, {_id:0, book_name:1, publisher:1}).pretty()
```

对于需要显示的键,设置为 1 即可,不设置即不显示。_id 主键默认显示,如果不显示,则需要明确设置为 0。

6. 模糊查询

MongoDB 模糊查询使用反斜杠"/",并结合一些转义字符实现模糊查询。下面通过例子说明具体的使用方法。

例 3-27　查询图书名称中包含"office"的文档,其语句为

```
db.Books.find({"book_name":/office/}).pretty()
```

上述语句中,将查询键值包含"office"的文档,前后的反斜杠通配任意的字符串。

例 3-28   查询图书名称中以"office"开头的文档,其语句为

```
db.Books.find({"book_name":/^office/}).pretty()
```

上述语句的第一个反斜杠后加了转义字符"^",将失去通配符的含义。

例 3-29   查询图书名称中以"管理"结尾的文档,其语句为

```
db.Books.find({"book_name":/管理$/}).pretty()
```

上述语句的第二个反斜杠前加了转义字符"$",将失去通配符的含义。

例 3-30   查询图书名称中包含"SQL"的图书,忽略大小写。

```
db.member.find({"book_name":/SQL/i}})
```

上述语句的第二个反斜杠后面加了转义字符"i",表示忽略大小写。

此外,MongoDB 还可以用＄regex 操作符设置匹配字符串的正则表达式,上面给出的是简化版的正则表达式。

例 3-27 也可以使用＄regex 操作符进行查询,其语句为

```
db.Books.find({"book_name":{＄regex:"office"}}).pretty()
```

例 3-30 也可以使用＄regex 操作符进行查询,其语句为

```
db.Books.find({"book_name":{＄regex:"SQL",＄options:"＄i"}})
```

7. 限定查询数量

如果要限定查询的文档数量,此时需要使用 limit 方法,该方法接受一个数字参数,限定查询的文档数量。

➢ **db.COLLECTION.find().limit(Num)**

例 3-31   查询价格大于 30 元的图书的书名和价格,只显示前 2 个文档,并格式化查询结果,其语句为

```
db.Books.find({"price":{＄gt:30}},{_id:0,book_name:1,price:1}).limit(2).pretty
()
```

8. 跳过一些文档

如果需要跳过指定数量的文档,则须使用 skip 方法,该方法接受一个数字参数作为跳过的文档数。

➢ **db.COLLECTION.find().skip(Num)**

例 3-32 查询价格大于 30 元的图书的书名和价格,跳过前 2 个文档,并格式化查询结果,其语句为

```
db.Books.find({"price":{$gt:30}},{_id:0,book_name:1,price:1}).skip(2).pretty
()
```

9.查询结果排序

如果要对查询的结果进行排序,需要使用 sort 方法,该方法根据指定的键值进行排序。

➤ **db.COLLECTION.find().sort({KEY:1})**

使用 sort 方法对数据进行排序,可以通过参数指定排序的键,并使用 1 和 −1 指定排序的方式,其中 1 为升序排列,而 −1 用于降序排列。

例 3-33 查询 Books 集合中的所有文档,显示书名和价格,按价格降序排列,并格式化查询结果,其语句为

```
db.Books.find({},{_id:0,book_name:1,price:1}).sort({price:-1}).pretty()
```

3.5.6 文档聚合

MongoDB 使用文档聚合(aggregate)对文档进行过滤、分组、投影、拆分或者排序等操作,功能非常丰富。

➤ **db.COLLECTION.aggregate(([{$ pipeline1},{$ pipeline2},{$ pipeline3}…])**

其中的 $ pipeline1、$ pipeline2、$ pipeline3 等称为管道操作命令,前一个管道命令的输出作为下一个管道命令的输入,通过若干个管道操作可以对结果进一步聚合处理。

下面以表 3-8 中的数据为例,对管道操作命令进行举例说明,假设这些文档已经存储在 Orders 集合中。

表 3-8 集合 Orders 存储的文档

order_id	book_id	book_number	order_date	client_id	comments
O01	B01	500	2003-1-1	C01	A
O02	B05	350	2003-2-28	C02	A
O03	B04	800	2001-10-11	C01	A
O04	B10	1000	2002-7-4	C02	B

1.Match 管道命令

Match 是过滤管道命令,它的作用是按照指定的条件过滤文档,只输出符合条件的文档。

例 **3-34**　查询 Orders 文档中评价为 A 的文档，其语句为

```
db.Orders.aggregate([{$match:{comments:"A"}}]).pretty()
```

查询结果：

```
{
    "_id" : ObjectId("605aab937218a36d6cfd693f"),
    "order_id" : "O01",
    "book_id" : "B01",
    "book_number" : 500,
    "order_date" : "2003-1-1",
    "client_id" : "C01",
    "comments" : "A"
}
{
    "_id" : ObjectId("605aabc27218a36d6cfd6940"),
    "order_id" : "O02",
    "book_id" : "B05",
    "book_number" : 350,
    "order_date" : "2003-2-28",
    "client_id" : "C02",
    "comments" : "A"
}
{
    "_id" : ObjectId("605aabef7218a36d6cfd6941"),
    "order_id" : "O03",
    "book_id" : "B04",
    "book_number" : 800,
    "order_date" : "2001-10-11",
    "client_id" : "C01",
    "comments" : "A"
}
```

上述聚合语句中只有一个 $match 管道命令，其作用是查询 comments 为"A"的所有文档，并输出所有的键值对，然后格式化输出。_id 是 MongoDB 为每个文档自动生成的主键，主键值是 ObjectId 类型的。

2. Group 管道命令

Group 是分组管道命令，它的作用是将集合中的文档按照指定的键分组，对每组进行统计。

➤ 语句：**db.COLLECTION.aggregate([{$group:{_id:"$key", 聚合表达式 }}])**

• _id：根据指定的键(key)进行分组。

- 聚合表达式：对分组之后的每一组进行聚合操作。

例 3-35 查询每个客户订购的图书的总数量，其语句为

```
db.Orders.aggregate([{$group : {_id : "$client_id", num_sum : {$sum : "$book_
number"}}}])
```

查询结果：

```
{_id:"C02", num_sum:1350}
{_id:"C01", num_sum:1300}
```

分组管道命令先按照指定的键 client_id 对文档进行分组，然后分别计算每一组的图书数量。

例 3-36 查询评价为 A 的客户，并统计这些客户订购图书的总数量，其语句为

```
db.Orders.aggregate([{$match:{comments:"A"}},{$group:{_id:"$comments",total:
{$sum:"$book_number"}}}])
```

查询结果：

```
{_id: "A",total:1650}
```

上述语句使用了两个管道命令，首先使用匹配管道命令 $match 对文档进行过滤，查询符合条件的文档；然后使用分组管道命令 $group，按照 comments 键的键值进行分组，再计算分组之后每一组的图书数量。

在上述两个例子中使用了 $sum 聚合操作命令，除此之外，MongoDB 还提供了其他的聚合操作命令，如表 3-9 所示。

表 3-9 常用的聚合表达式

表达式	功 能	实 例	描 述
$sum	求和	aggregate([{ $group: {_id: " $comments", total_value: { $sum: " $book_number"}}}])	按照 comments 分组，计算每一组的和
$avg	求平均值	aggregate([{ $group: {_id: " $comments", avg_value: { $avg: " $book_number"}}}])	按照 comments 分组，计算每一组的平均值
$min	求最小值	aggregate([{ $group: {_id: " $comments ", min_value: { $min: " $book_number"}}}])	按照 comments 分组，计算每一组的最小值
$max	求最大值	aggregate([{ $group: {_id: " $comments", max_value: { $max: " $book_number"}}}])	按照 comments 分组，计算每一组的最大值。
$push	将结果插到数组中，去掉重复的值	aggregate([{ $group: {_id: " $comments", array_value: { $push: " $book_number"}}}])	按照 comments 分组，将每组的值插到数组中，去掉重复的值
$addToSet	将结果插到数组中，不创建副本	aggregate([{ $group: {_id: " $comments", url: { $addToSet: " $book_number"}}}])	将结果插到数组中

续表

表达式	功 能	实 例	描 述
\$ first	返回第一个文档数据	aggregate([{ \$ group: {_id: " \$ comments", first_value: { \$ first: " \$ book_number"}}}])	按照 comments 分组，只返回第一个值
\$ last	返回最后一个文档数据	aggregate([{ \$ group: {_id:" \$ comments", last_value: { \$ last: " \$ book_number"}}}])	按照 comments 分组，只返回最后一个值

例 3-37 按照顾客分组，将每个顾客买过的书的 id 分别放入数组中，其语句为

```
db.Orders.aggregate([{$group:{_id:"$client_id",buy_book:{$addToSet:"$book_
id"}}}])
```

查询结果：

```
{_id:"C02", buy_book:["B10","B05"]}
{_id:"C01", buy_book:["B04","B01"]}
```

3. Project 管道命令

Project 是投影管道命令，该操作可以用来重命名、增加或删除键名，也可以用于创建计算结果以及嵌套文档。

例 3-38 查询评价为 A 的客户订购的图书的总数量，只显示客户号和总数量，其语句为

```
db.Orders.aggregate([{$match:{comments:"A"}},{$project:{_id:0,client_id:1,
book_id:1,sum_all:{$sum:"$book_number"}}} ])
```

查询结果：

```
{book_id:"B01",client_id:"C01", sum_all:500}
{book_id:"B05",client_id:"C02", sum_all:350}
{book_id:"B04",client_id:"C01", sum_all:800}
```

4. Limit 管道命令

Limit 是限定管道命令，该命令用来限制 MongoDB 聚合管道返回的文档数。

例 3-39 查询评价为 A 的客户订购的图书的总数量，只显示排名第一的文档，其语句为

```
db.Orders.aggregate([{$match:{comments:"A"}},{$group:{_id:"$client_id",
total:{$sum:"$book_number"}}},{$limit:1}])
```

查询结果：

```
{_id:"C02", total:350}
```

上述语句使用了三个管道命令,先通过过滤管道命令 $match 对文档进行筛选,然后分组管道命令 $group 对过滤后的结果进行分组,计算每组的图书总数,最后输出排名第一的文档。

5. Skip 管道命令

Skip 是跳过管道命令,该命令将跳过指定数量的文档,并返回余下的文档。

例 3-40　查询评价为 A 的客户订购的图书的总数量,跳过 1 个文档,从第二个文档开始显示,其语句为

```
db.Orders.aggregate([{$match:{comments:"A"}},{$group:{_id:"$client_id",
total:{$sum:"$book_number"}}},{$skip:1}])
```

查询结果:

```
{_id:"C01", total:1300}
```

上述语句使用了三个管道命令,先通过过滤管道命令 $match 对文档进行筛选,然后分组管道命令 $group 对过滤后的结果进行分组,计算每组的图书总数,最后跳过 1 个文档,输出剩余的文档。

6. Unwind 管道命令

Unwind 是分解管道命令,该命令用来将文档中的某一个数组类型的键拆分成多条,每条包含数组中的一个值。

假设在集合 wind 中存在一个文档,其中键 courses 的值是一个数组["C++", "Java", "NoSQL"],具体如下。

```
{
  "name" : "chenyao",
  "address" : "hangzhou",
  "courses" : [ "C++", "Java", "NoSQL" ]
}
```

例 3-41　将集合 wind 中的上述文档中的数组值拆分成多个文档并输出,其语句为

```
db.wind.aggregate([{$project:{_id:0}},{$unwind:"$courses"}])
```

查询结果:

```
{ "name" : "chenyao", "address" : "hangzhou", "courses" : "C++" }
{ "name" : "chenyao", "address" : "hangzhou", "courses" : "Java" }
{ "name" : "chenyao", "address" : "hangzhou", "courses" : "NoSQL" }
```

使用 $unwind 可以将 courses 键值中的每个数据都分解成一个文档,并且除 courses 的值不同外,其他的值都是相同的。

7. Sort 管道命令

Sort 是排序管道命令,该命令将文档按照指定的方法排序后输出。

例 3-42 查询评价为 A 的客户订购的图书的总数量,并升序排列,其语句为

```
db.Orders.aggregate([{$match:{comments:"A"}},{$group:{_id:"$client_id",
total:{$sum:"$book_number"}}},{$sort:{total:-1}}])
```

查询结果:

```
{_id:"C02", total:350}
{_id:"C01", total:1300}
```

上述语句使用了三个管道命令,先通过过滤管道命令 $match 对文档进行筛选,然后分组管道命令 $group 对过滤后的结果进行分组,计算每组的图书总数,最后使用排序管道命令 $sort,按照 total 的键值升序输出。

3.5.7 文档索引

通过建立索引能够为文档查询提供可选择的物理存储路径,从而提高查询性能。如果没有创建索引,数据库系统必须扫描集合中的每个文件并选取符合查询条件的记录,如果数据量比较小,索引的优势并不能很好地体现出来,然而,当数据体量特别大时,没有索引将花费几十秒甚至几分钟的时间,这对用户来讲是不可以接受的。

索引是一种特殊的数据结构,存储在一个易于遍历读取的数据集合中,它是对集合中文档的键值进行排序的一种结构。

1. 创建索引

> **db.COLLECTION.createIndex(keys, options)**

- keys:要创建的索引的键,1 表示按升序创建索引,−1 表示按降序创建索引。
- options:这是一系列可选的参数,可以指定多个参数,若没有指定具体的参数,则选择参数的默认值。创建索引时 Options 的参数列表如表 3-10 所示。

表 3-10　创建索引时 Options 的参数列表

参　数	数据类型	含　义
background	Boolean	创建索引时会阻塞其他数据库操作,background 可指定以后台方式创建索引,即增加 "background" 可选参数,默认值为 false
unique	Boolean	指定索引是否唯一,为 true 时创建唯一索引,默认值为 false
name	string	索引的名称。如果未指定,系统通过连接索引的键和排序顺序自动生成一个索引名称

续表

参　数	数据类型	含　义
sparse	Boolean	对文档中不存在的键不启用索引,如果设置为 true,在索引中不会查询出不包含对应键的文档,默认值为 false
expireAfterSeconds	integer	指定一个以秒为单位的数值,设定索引生存时间,生存时间过后自动删除
v	index version	索引的版本号,默认的索引版本取决于创建索引时运行的版本
weights	document	索引权重值,数值在 1 到 99 999 之间,表示该索引相对于其他索引键的得分权重
default_language	string	与索引数据关联的默认语言决定了词根和停止词规则,Mongodb 的默认语言是"英语"
language_override	string	若使用其他自定义字段设定所采用的语言,则需要使用该参数覆盖 language 字段,如果不覆盖,则默认采用 language 字段设定所采用的语言

例 3-43　在 Books 集合中对 book_name 按升序创建一个索引,其语句为

```
db.Books.createIndex({"book_name":1})
```

例 3-44　在 Books 集合中对 Price 按降序创建一个唯一索引,让创建工作在后台执行,其语句为

```
db.Books.createIndex({"price":-1},{background:true, unique:true})
```

2. 查看索引

➢ **db.COLLECTION.getIndexes()**

例 3-45　显示图书集合上已创建的索引,其语句为

```
db.Books.getIndexes()
```

3. 查看索引大小

➢ **db.COLLECTION.totalIndexSize()**

例 3-46　查看图书集合上已创建的索引的大小,其语句为

```
db.Books.totalIndexSize()
```

4. 删除指定索引

➢ **db.COLLECTION.dropIndex("索引名称")**

例 3-47 删除图书集合上已创建的索引 book_name_1,其语句为

```
db.Books.dropIndex("book_name_1")
```

5. 删除所有索引

➢ **db.COLLECTION.dropIndexes()**

3.5.8 嵌入高级语言

MongoDB 语句可以作为嵌入式语言,嵌入 Java、PHP、Python 等高级语言中,高级语言负责业务逻辑的实现,MongoDB 语句负责对数据库进行操作。

下面以 Java 语言为例,说明操作 MongoDB 数据库的方法。首先安装 Java 环境,再安装 MongoDB JDBC 驱动程序,驱动程序的下载地址为 https://mongodb.github.io/mongo－java－driver/。安装成功后将驱动程序的路径加到计算机的 classpath 路径中。

连接数据库,此时需要指定数据库名称,如果指定的数据库不存在,MongoDB 会自动创建数据库。连接数据库的 Java 代码如下。

```java
import java.util.ArrayList;
import java.util.List;
import com.mongodb.MongoClient;
import com.mongodb.MongoCredential;
import com.mongodb.ServerAddress;
import com.mongodb.client.MongoDatabase;
public class MongoDBJDBC {
  public static void main(String[] args){
    try {
      //连接到 MongoDB 服务,如果是远程连接,可以替换 localhost 为服务器所在 IP 地址
      //ServerAddress()的两个参数分别为服务器地址和端口
      ServerAddress serverAddress =new ServerAddress("localhost",27017);
      List<ServerAddress>addrs =new ArrayList<ServerAddress>();
      addrs.add(serverAddress);
      //三个参数分别为用户名、数据库名称和密码
      MongoCredential credential =MongoCredential.createScramSha1Credential
      ("username","databaseName", "password".toCharArray());
      List<MongoCredential>credentials =new ArrayList<MongoCredential>();
      credentials.add(credential);
      //通过连接认证获取 MongoDB 连接
      MongoClient mongoClient =new MongoClient(addrs,credentials);
      //连接到数据库
      MongoDatabase mongoDatabase =mongoClient.getDatabase("databaseName");
      System.out.println("Connect to database successfully");
    } catch (Exception e) {
```

```
        System.err.println( e.getClass().getName() +": " +e.getMessage() );
    }
  }
}
```

3.6 应用实例

为便于与键值数据库和关系数据库比较,本节同样以第 2.6 节的三个基本表为例,说明如何设计文档数据库。在 MongoDB 中存储三个基本表中的数据方法如下。

1. 创建文档数据库

```
use StudentsDB
```

2. 创建集合

1) 创建 students 集合

```
db.createCollection("students",{capped:true,size:1028,max:1000})
```

2) 创建 courses 集合

```
db.createCollection("courses",{capped:true,size:1028,max:1000})
```

需要注意的是,不需要创建 reports 集合,因为文档数据库是去规范化的,这些关系可存储在 students 集合的文档中。

3. 插入文档

1) 在 students 集合中插入文档
- 第一个学生及其选修课信息是第一个文档,插入语句如下。

```
db.students.insert(
    {
        "Sno" : "S01",
        "Sname" : "张利",
        "Ssex" : "女",
        "Sage" : 22,
        "College" : "信息学院",
        "Courses" : [ { "Cno" : "C01", "Grade" : 92 }, { "Cno" : "C03", "Grade" :84 }]
    }
)
```

- 第二个学生及其选修课信息是第二个文档,插入语句如下:

```
db.students.insert(
    {
        "Sno" : "S02",
        "Sname" : "王芳",
        "Ssex" : "女",
        "Sage" : 20,
        "College" : "信息学院",
        "Courses" : [ { "Cno" : "C01", "Grade" : 90 }, { "Cno" : "C02", "Grade" : 94 },
        { "Cno" : "C03", "Grade" : 82 } ]
    }
)
```

其余学生及其选修课的信息按照以上方式逐个插入。

2）在 courses 集合中插入文档

• 第一门课程与选修该门课程的学生作为第一个文档，插入语句如下：

```
db.courses.insert(
    {
        "Cno":"C01",
        "Cname":"高等数学",
        "Cterm":1,
        "Credits":4,
        "Students":["S01", "S02", "S03"]
    }
)
```

• 第二门课程与选修该门课程的学生作为第二个文档，插入语句如下：

```
db.courses.insert(
    {
        "Cno":"C02",
        "Cname": "英语",
        "Cterm":2,
        " Credits":4,
        "Students":[ "S02", "S03"]
    }
)
```

其余课程及其选修课程的学生信息可以参考以上语句逐个插入。

当所有数据存入 MongoDB 之后，即可对数据进行查询、更新和聚合等操作。

3.7 本章小结

文档数据库是一种重要的 NoSQL 数据库，存储数据的基本单元是文档，它是键值对的有序集合，且每个键值对只能出现一次。一组描述同类型对象的文档就构成了文档集合，各文档结构可以不同,能够更加灵活地适应业务数据的变化。

　　文档也可以包含子文档,这类文档称为嵌入式文档。通过嵌入式文档,就能够将相关的文档放在一块,从而不需要使用连接操作就可以直接查询完整的数据。同时,也可以利用文档的相互引用对文档关系进行建模,避免大量的数据冗余,但此时需要用户通过连接操作获取完整的文档信息。

　　为了实现文档的均衡分区,可以采取垂直分区和水平分区策略,各分区的数据逻辑上是一个完整的文档数据库。

　　MongoDB 是一个基于分布式文件存储的开源文档数据库系统,提供了可扩展的高性能数据存储解决方案,熟练掌握各类语句是应用 MongoDB 文档数据的前提。

3.8 习　　题

　　1. 文档数据库中的文档和集合的含义分别是什么?

　　2. 如何对一对多和多对多的文档关系进行建模?

　　3. 文档数据分区的策略有哪些? 请举例说明。

　　4. 文档数据库是无模式数据库,请说明具体含义。

　　5. MongoDB 提供了哪些聚合操作? 请给出其相应功能。

　　6. 将第 2.6 节的三个基本表中的数据全部存入 MongoDB,并完成以下操作。

　　(1) 查询姓名是"张利"的文档。

　　(2) 查询年龄大于 20 岁的学生文档。

　　(3) 查询选修了"C01"且及格的学生文档。

　　(4) 在姓名上创建一个升序的唯一索引。

　　(5) 查询各门课程的平均分数。

　　(6) 查询姓"李"的同学的文档信息。

第4章

列族数据库

列族数据库是一种适用于大规模数据管理的分布式 NoSQL 数据库,具有高可靠性、高性能、可伸缩和数据结构灵活等特点,能够在分布式集群环境下管理大规模数据。比较流行的列族数据库有 Apache Cassandra 和 Hadoop Hbase 等。Cassandra 可独立部署,而 Hbase 要运行在 Hadoop 环境下。本章将主要介绍 Cassandra 列族数据库的数据模型、集群架构和查询语言。

4.1 列族数据模型

Cassandra 列族数据库的数据模型包括列(Column)、超列(SuperColumn)、列族(ColumnFamily)和键空间(Keyspace),下面分别介绍这些基本概念。

4.1.1 列

列是列族数据库的最小基本单元,一般由键名(列)、键值(列值)和时间戳组成。列的数据模型如图 4-1 所示,以 JSON 格式描述的示例如图 4-1(b)所示。Cassandra 是一种按列存储的列式数据库,一组列称为列族。

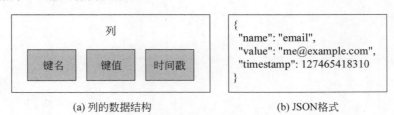

(a) 列的数据结构　　　　　　　　　(b) JSON格式

图 4-1　列的数据模型

4.1.2 超列

超列由列名称和一组列构成,一般无时间戳。超列也可以看作一个键值对,其中的列名称对应键名,一组列对应键值。超列的数据模型如图 4-2 所示,以 JSON 格式描述的示例如图 4-2(b)所示。由于其灵活性原因,高版本 Cassandra 中已不再使用超列数据模型。

4.1.3 列族与行键

列族是由行构成的集合,其中每行由一个行键和一组列或超列组成,且这组列或超列的

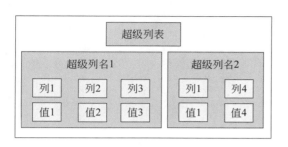

```
class01{ //行键，SuperColumns
  lisi:{//这是第一个超列，SuperColumn的列名称
    street: "XiTuCheng road", // 子列名称和值
    zip: "410083",
    city: "BeiJing"
  },

  wangwu: {//这是第二个超列，SuperColumn的列名称
    street: "XiTuCheng road", // 子列名称和值
    zip: "410083"
  },

  zhaoliu: {//这是第三个超列，SuperColumn的列名称
    street: "XiTuCheng road", // 子列名称和值
    city: "BeiJing"
  }
}
```

(a) 超级列族　　　　　　　　　(b) JSON格式

图 4-2　超列的数据模型

结构可以不同。行键用来标识列族中不同的行，每个数据行都包括一组列，且数据行的列数可以不同。列族数据模型如图 4-3 所示。

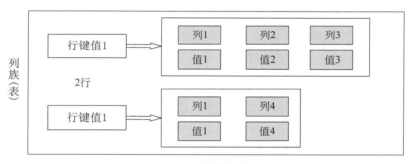

图 4-3　列族数据模型

行键一般包括分区键和聚类键。分区键的作用是对行进行分区，不同的分区会被存储在不同的集群节点上，但同一行数据不会被分割到不同的集群节点上；聚类键的作用是对分区键相同的行在节点内进行排序，在聚类键上可以创建索引。

超列在 Cassandra 高版本中已被舍弃，转而采用更灵活的集合数据类型（List、Set 和 Map）实现原超列数据模型。通过集合数据类型可以在单个列中存储多个值，比如 List 集合类型能够存储多个值，保持元素的顺序，且值可以被多次重复存储；Set 集合类型用于存储一组元素，集合的元素将按排序顺序返回，值不能重复；Map 集合类型则允许以键值对的形式存储数据。

列族与关系数据库的基本表相对应，它们都能够存放多行数据，每行又可以存放多列。列族数据库中的行之间的列数可以不同，但关系数据库却要求行之间的列数相同。在高版本 Cassandra 中，列族和表（Table）指相同的对象，且一般倾向于采用表这个更易理解的概念。

下面是一个列族，其嵌套了两层结构，每行有一个行键和一组列。

```
user={                    //列族 columnfamily,名称是 user
```

```
zhangsan:{                //这是一个行,行键是 zhangsan
  username:"zhangsan",
  email:"zhangsan@ 163.com"
},
lisi:{
  username:"lisi",
  email:"lisi@ 163.com",
  phone:"1234324"
}
```

4.1.4　键空间

键空间由多个列族构成,是列族的容器,相当于关系数据库的一个数据库实例。一般地,一个应用程序对应一个键空间,一个键空间可以拥有多个列族。此外,每个键空间还有两个相关的设置,一个是副本因数,即一份数据有几个备份数据;另一个是复制策略,用以决定数据副本在集群服务器上的存储节点。

总之,列族数据库是由列族(超列族)嵌套的数据模型,是一个四维或五维的哈希表,哈希的键是行键,哈希的值是列族(超列族)。键空间是一个数据库,包括多个列族;列族包含多行;每行包含一个行键和列族(超列族);列族包含多个子列。

4.2　Cassandra 集群架构

4.2.1　Cassandra 特点

关系数据库通过扩展服务器的性能提高数据的处理能力,但这种通过纵向扩展的方式不仅成本太高,而且不适合于强调弹性计算的场景;键值数据库的数据模型过于简单,难以对某些相关联的列进行分组;文档数据库适合海量数据的管理,但其性能又难以满足数据管理的需求,比如缺少高性能的查询语言。而列族数据库是一个高可靠、高性能、可伸缩且提供了查询语言的海量数据管理解决方案。

Cassandra 是 Apache 旗下一个开源、分布式和面向列的数据库存储系统,采用 Amazon 的分布式 Dynamo 架构和 Google 的 Bigtable 列数据模型,Dynamo 架构包括集群管理、复制策略、容错性等机制。在 CAP 特性上,更倾向于 AP,而在一致性上有所减弱,已被 Facebook、Twitter、Cisco 等公司所采用,管理大量结构化和非结构化数据,其具有以下几个特点。

(1) 弹性可扩展性:能够通过横向扩展以适应更多的客户和更多的数据处理要求。

(2) 基于集群架构:在集群环境上运行,可以连续用于不能承担故障的关键业务应用程序。

(3) 灵活的数据存储:根据需要动态适应变化的数据结构。

(4) 便捷的数据分发:可以灵活地在需要时分发数据,在多个数据中心之间复制数据。

(5) 快速写入:可以存储数百 TB 的数据,而不牺牲读取效率。

4.2.2 集群对等网络

Cassandra 采用对等的计算机集群架构,节点之间是对等和独立的,并且同时互连到其他节点。数据分布在集群中的所有节点,每个节点都可以接受读取和写入请求,无论数据实际位于集群中的哪个节点。当某节点关闭或失效时,可以从网络中的其他节点读写数据。

图 4-4 给出了 Cassandra 集群对等网络结构,节点之间的双向箭头表示在集群节点之间使用数据复制,以确保没有单点故障。在对等网络结构中,每个节点都不会成为系统的故障单点,且只向其中添加节点即可实现缩放。集群中新加入的节点可以与其他每一个节点进行通信,并最终分配到一套待管理的数据。某个节点被移除后,其他节点还有数据副本,可以继续响应用户请求,完成相应的读写任务。

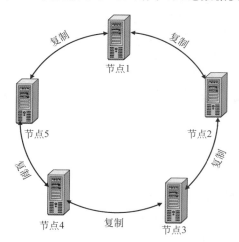

图 4-4　Cassandra 集群对等网络结构

由于对等网络结构中没有设置主节点(服务器),因而集群中的每一个节点都需要完成一些共性操作,包括:①接收读请求和写请求;②把读写请求转发给能够满足该请求的其他节点;③共享集群中其他节点的状态信息;④如果发现故障节点,就把与故障节点相关的读写请求暂时存储,直到故障恢复,确保数据副本的可用性。

数据分区在前面已经多次提出,Cassandra 的数据也需要分区。如前所述,分区是数据库的一个逻辑子集,通过分区决定数据的存储位置。Cassandra 采用分区键进行分区,将数据均衡地存储到不同的集群节点上。

当集群节点接收到数据读写请求时,该请求最终会被转发给具有该分区数据的特定节点。与主从服务器所不同的是,在对等网络结构中,请求可以先发送给任意一个节点,通过节点间的转发,最终转给具有该数据请求的节点。由于同一分区可能有多个数据副本(一般不少于 3 个),任意一个具有该数据分区的节点接收到请求都可以响应该请求,这样做的好处是:即使具有该数据分区的一个节点出现故障,其他具有该数据分区的节点也可以满足请求;有效实现负载均衡,数据请求可以被不同的节点响应。

4.2.3 节点通信协议

为了减少集群节点间通信的数据总量,Cassandra 采用 Gossip 协议进行节点间通信,通过该协议可以了解集群中包含哪些节点、每个节点的状态,使得集群中任何一个节点都可以收到其他节点的状态信息,完成任意的读取和写入操作。

Gossip 通信协议是节点间数据交换的一种通信方式,利用节点的本地计算资源可以有效减少网络中传输的数据量,达到节能和减少带宽的作用;它是一种去中心化的通信方式,各节点只需维护自身邻居节点视图,而不用保存全局网络的信息。

Gossip 协议基于六度分隔理论,即一个人通过 6 个中间人就可与世界上的任何人通信,其执行原理是:①从起始节点周期性地向选择的其他节点(一般是 6 个)发送消息;②收到消息的节点再随机地选择相应的其他节点传播消息;③节点只接受消息,而不反馈结果;④每次发送消息都选择尚未发送过的节点进行传播;⑤收到消息的节点不再向发送节点发送消息。Goosip 协议的信息传播和扩散通常需要由起始节点(种子节点)发起,整个传播过程可能需要一定的时间,由于不能保证某个时刻所有节点都收到消息,但理论上最终所有节点都会收到消息,因此它遵循最终一致性协议。

Gossip 协议的消息传播机制有两种:反熵传播机制和谣言传播机制。

1)反熵传播机制:该机制以固定的概率传播所有的数据,所有参与节点只有两种状态:病原和感染,种子节点会把所有的数据都跟其他节点共享,以便消除节点之间数据不一致问题,它可以保证最终一致性,一般用于新加入节点的数据初始化。

2)谣言传播机制:该机制以固定的概率仅传播新到达的数据,所有参与节点有三种状态:病原、感染、去除。传播的消息只包含最新数据,谣言消息在某个时间点之后会被标记为去除,并且不再被传播,它的不足之处是有一定的概率会不一致,通常用于节点间数据增量同步。

Cassandra 采用反熵机制保障不同副本数据之间的一致性。反熵机制能够定期检查节点之间数据对象的一致性,所采用的检查不一致的方法是默克尔树(Merkle Tree)。

4.2.4 提交日志机制

确保数据被写入永久性磁盘是数据库系统必须解决的关键问题,解决该问题有两种策略:一种策略是先等数据库把数据写入永久性磁盘,然后再发送写入完成的消息,这样一来,每次写操作都要等待数据写入磁盘才算结束。写磁盘会带来大量的数据延迟,严重降低了写操作的效率;第二种策略是在将数据写入磁盘之前,先将要写入的数据记录到提交日志(Commit log)中,然后再将数据写入磁盘,此时数据库不用等待数据写入磁盘即可进行其他操作。

Cassandra 采用了提交日志策略,即先将数据写入提交日志,然后再提交数据。首先将数据写入 Mem(内存)表,这是一种驻留在内存中的数据结构;当 Mem 表中的数据达到阈值时,数据被写入磁盘文件,Cassandra 中的磁盘文件称为 SSTable,这个写入磁盘文件的过程称为刷新,一旦写入,则是只读的。

为了准确检测某个数据分区是否包含所请求的数据,Cassandra 采用 Bloom 过滤器机制。Bloom 过滤器是 1970 年由布隆提出的,是一个很长的二进制向量和一系列随机映射函数,可以用于检索一个元素是否在一个集合中,优点是空间效率和查询时间都比一般的算法好得多,缺点是有一定的误识别率和删除困难。通过 Bloom 过滤器可以判断某个数据是否为数据块的成员,这样数据库就不太会读取那些根本不包含所请求数据的分区或节点。Bloom 过滤器的技术细节可以参考其他资料。

4.2.5 数据复制策略

为了提高数据的可靠性,数据以副本的形式在多个节点存储。数据复制是确保不同数据副本一致性的关键,其决定这些副本应该保存在哪些服务器节点,以及如何使副本数据及时得到更新。

一般地,可以采用哈希函数选定存放第一个数据副本的服务器节点,然后根据其他服务器与这台服务器之间的相对位置确定其他副本存放的位置。由于 Cassandra 采用环状对等网络结构,当第一个副本确定之后,其他副本的位置就可以按照顺时针的方向把数据副本存放到环状结构的服务器节点中。

存储数据的服务器节点确定之后,每个节点会存放数据的一个副本,并允许数据在节点间相互复制,对用户透明。用户可以定义数据副本的数量,如副本数量是 3,则集群将存储 3 份数据副本。

Cassandra 设置了三种数据复制策略,假设副本数量为 N:

(1) SimpleStrategy:适用于单数据中心,第一个副本放置在确定的节点之后,其他副本放置在顺时针方向的其他 $N-1$ 个节点上,该策略不考虑跨数据中心和机架的复制。

(2) OldNetworkTopologyStrategy:适用于多数据中心,第一个副本放置在确定的节点之后,第二个副本需要放置在另外一个数据中心上,剩余的 $N-2$ 个数据副本放置在与第二个副本位于同一数据中心但不同的机架上。

(3) NetworkTopologyStrategy:适用于多数据中心,可以指定每个数据中心需要放置的数据副本的数量。

在创建 Cassandra 列族数据库时,可以灵活设置以上三种数据复制策略。

4.3 Cassandra 查询语言

Cassandra 列族数据库提供了与关系数据库 SQL 相类似的查询语言(Cassandra Query Language,CQL),通过 CQL 可以实现对列族数据库的数据定义、数据查询和数据操作。

表 4-1 和表 4-2 给出了 Message 表和 User 表,Message 表包括 user_id、message_id、password 和 data 四列,有四行数据;User 表包括 user_id、area、name、age、emails、phones 和 contracts 七列,有两行数据。下面以这两个表为例讲述 CQL 的使用方法。

表 4-1 Message 表

user_id	message_id	password	data
jack	2021	34 568	I have an English class…
jack	2022	34 568	Today, I play tennis with…
kitty	2331	23 453	Those birds are beautiful…
kitty	2332	23 453	To get there…

表 4-2 User 表

user_id	area	name	age	emails	phones	contracts
jack	Hangzhou	Jack	22	abc@gmail.com, cba@yahoo.com	13522332228, 13984802233	address: 'zhejiang hangzhou', code: '310023'
kitty	zhoushan	kitty	20	wave @ gmail. com, tech@yahoo.com'	13820948821, 13720489980	Address:'zhejiang zhoushan', code;'318920'

4.3.1 键空间定义

1. 创建键空间

一个键空间对应一个数据库,创建键空间的语法如下。

> **CREATE KEYSPACE KeySpaceName**
> **WITH replication ={'class': 'Strategy name', 'replication_factor': 'Numb'}**
> **AND durable_writes ='Boolean value';**

参数说明如下。

- replication:该参数指定数据复制策略和副本数量,包括 class 和 replication_factor 两个子参数。
  - √ class:设定复制策略,可选 SimpleStrategy、NetworkTopologyStrategy、OldNetwork-TopologyStrategy 三种策略之一。
  - √ replication_factor:设置副本个数,一般的副本数量为 3。
- durable_writes:设置写数据时是否写入提交日志,如果设置为 false,则写请求不会 写提交日志,会有丢失数据的风险;默认为 true,即要写提交日志。

例 4-1   创建一个键空间,名称为 MessageDB,使用简单策略放置副本,数据副本为 3, 其命令为

```
CREATE KEYSPACE MessageDB
WITH replication ={'class':'SimpleStrategy', 'replication_factor' : 3};
```

2. 修改键空间

键空间创建之后,也可以修改其中的参数,语法格式为

> **ALTER KEYSPACE KeySpaceName**
> **WITH replication ={'class': 'Strategy name', 'replication_factor': 'Numb'};**

3. 删除键空间

若键空间及其中的数据不再使用,则可以删除,语法格式为

> **DROP KEYSPACE KeySpaceName;**

4. 查看键空间

查看已经创建的键空间,语法格式为

> **DESCRIBE KeySpaceName;**

5. 切换键空间

该语句可以切换到其他的键空间,从而访问其他键空间的列族数据,语法格式为

> **USE KeySpaceName;**

4.3.2　列族(表)定义

1. 创建列族(表)

在 Cassandra 高版本中引入了"表"这一概念。表是列族的别名,为避免混乱,本书统一采用"表"这个概念。Cassandra 中的表与关系数据库中的表的不同之处如下。

(1) Cassandra 表中的数据由多个分区组成,各个分区存储在不同的集群节点,表中同一个行键的数据存储在同一个节点。

(2) Cassandra 表中的数据是按列存储的,关系数据库表中的数据是按行存储的。

(3) Cassandra 表中的列可以是集合数据类型,关系数据库表中的列都是不可再分的。

创建表(列族)的语法格式:

> **CREATE　(TABLE | COLUMNFAMILY)　<表名>(**
> 　　**<列名称>　<数据类型>,　<列名称>　<数据类型>　[static],**
> 　　**<列名称>　<数据类型>,**
> 　　**......**
> 　　**primary key(列名称,列名称,列名称)**
> **)**

Cassandra 创建表(列族)时必须指定主键(Primary key),主键即行键,用来唯一标识某一行,可以包括一列或多列。如果主键由多个键组成,则称为复合主键。

(1) 复合主键的第一部分称为分区键(partition key),Cassandra 将根据分区键值对行进行分区,不同的分区会被存储在不同的集群节点上,但同一行数据不会被分割存储到不同的集群节点上。例如,分区键值范围在 1~100 的行可以驻留在节点 A 中,而分区键值范围在 101~200 的行可以驻留在节点 B 中。

(2) 复合主键的第二部分及之后的键称为聚类键(clustering key),Cassandra 将根据聚类键对分区键相同的行进行排序,在聚类键上也可以创建索引。

分区键与聚类键的定义方法如下。

• **第一种方法:**

```
create table table_case1(
      key text PRIMARY KEY,
      data text
);
```

表(列族)table_case1 的主键只包括一列,该键也是分区键,没有聚类键。

• **第二种方法:**

```
create table table_case2(
        key_part1 text,
        key_part2 text,
        data text,
        PRIMARY KEY(key_part1,key_part2)
);
```

表(列族)table_case2 的主键包括 2 列,是复合键,其中 key_part1 是分区键,key_part2 是聚类键。分区键用来决定数据分区,聚类键用来对同一分区的数据进行排序。

• 第三种方法:

```
create table table_case3(
        key_part1 text,
        key_part2 text,
        key_part3 text,
        key_part4 text,
        data text,
        PRIMARY KEY((key_part1,key_part2) , key_part3, key_part4)
);
```

表(列族)table_case3 的主键包括 4 列,是复合键,其中 key_part1 和 key_part2 是分区键,key_part3 和 key_part4 是聚类键。

为了减少不必要的数据存储,节省存储空间,Cassandra 引入了静态 static(列),这是 Cassandra 提供的一种重要特性。例如,在一般情况下,用户的基本信息(如性别、地址等),一般很少变动,但是用户状态会经常变化,如果每次状态更新把用户基本信息都添加进去,将浪费大量的存储空间。为此,Cassandra 采用静态列,分区键相同的行的静态列只存储一份。

创建表时在列的后面加上 static 关键字就可以将该列定义为静态列,例如:

例 4-2　创建 Message 表,将 password 列设置为一个静态列,其命令为

```
create table Message (
  user_id        text,
  message_id     int,
  password       text static,
  data           text,
  primary key (user_id, message_id)
);
```

上述命令将表中的 password 列设置为静态列,这意味着 user_id 相同的行只会共享一个 password 值。

需要注意的是,如果表的主键中没有聚簇列,那么该表就不能创建静态列。这是因为静态列在同一分区键存在多行的情况下才能达到最优情况,而且行数越多,效果越好。但是,如果没有定义聚簇列,相同主键的数据在同一个分区里面只存在一行数据,本质上就是静态

的,所以没必要定义静态列;已经是分区键和聚类键的列不能被定义为静态列;此外,如果在定义表时指定了 COMPACT STORAGE 选项,也无法定义静态列。

关系数据库表中的数据是按行存储的,但 Cassandra 中表的数据是按列存储的。例如 Message 表中的数据存储方式如表 4-3 所示,每个 user_id 值(行键)对应一行,message_id (聚簇键)的值加上其他非主键的列名作为存储键名,如{2021,password}是一个键名,其键值是 34568。

表 4-3　Cassandra 数据存储模型

jack	(2021, password) 34568	(2021, data) I have an English class…	(2022, password) 34 568	(2022, data) Today, I play tennis with…
kitty	(2331, password) 23 453	(2331, data) Those birds are beautiful…	(2332, password) 23 453	(2332, data) To get there…

根据上述创建表的语法可以知道,列的上一级就是表,高版本 Cassandra 舍弃了超级列这一概念。Cassandra 引入集合数据类型,允许构建形式上的"超级列"。

Cassandra 提供了丰富的数据类型,包括数值类型、文本类型、时间和标识者类型,以及集合数据类型等。

1)数值类型

Cassandra 支持的数值类型包括整型和浮点型,这些数据类型和 Java 的标准数据类型类似。

- int:32 位有符号整型,和 Java 中的 int 类似。
- bigint:64 位长整型,和 Java 中的 long 类似。
- smallint:16 位有符号整型,和 Java 中的 short 类似,Cassandra 2.2 开始引入。
- tinyint:8 位有符号整型,和 Java 中的 tinyint 类似,Cassandra 2.2 开始引入。
- varint:可变精度有符号整数,和 Java 中的 java.math.BigInteger 类似。
- float:32 位 IEEE-754 浮点型,和 Java 中的 float 类似。
- double:64 位 IEEE-754 浮点型,和 Java 中的 double 类似。
- decimal:可变精度的 decimal,和 Java 中的 java.math.BigDecimal 类似。

2)文本类型

Cassandra 中提供了三种文本型。

- text 和 varchar:UTF-8 编码的字符串,使用比较普遍。
- ascii:ASCII 字符串。

3)时间和标识符类型

- timestamp:时间可以使用 64 位有符号的整数表示。
- date 和 time:在 Cassandra 2.1 版本之前只支持 timestamp 类型,里面包含了日期和时间;从 Cassandra 2.2 版本开始引入了 date 和 time 时间类型,分别表示日期和时间,和 timestamp 一样。
- uuid:通用唯一识别码(universally unique identifier,UUID)是 128 位数据类型,类

似于 ab7c46ac-c194-4c71-bb03-0f64986f3daa,其实现包含了很多种类型,其中最有名的为 Type 1 和 Type 4。CQL 中的 uuid 实现是 Type 4 UUID,其实现完全是基于随机数的,可以在 CQL 中使用 uuid()获取 Type 4 UUID。

- timeuuid:这个是 Type 1 UUID,它的实现基于计算机的 MAC 地址、系统时间和用于防止重复的序列号。CQL 中提供了 now()、dateOf()以及 unixTimestampOf()等函数来操作 timeuuid 数据类型。由于这些简便的函数,timeuuid 的使用频率比 uuid 数据类型多。

4) 集合数据类型

- set 集合数据类型:该类型是无序存储的,但是返回的数据是有序的,允许重复。
- list 列表数据类型:该类型是有序存储的,默认情况下数据按照插入顺序保存。
- map 数据类型:该类型存储键值对,键和值可以是任何类型(除 counter 类型)。

在创建基本表时,设计人员根据存储的数据为列设置合适的数据类型。

2. 查看表

可以通过 DESCRIBE 命令查看已创建的表结构信息,语法格式:

➢ **DESCRIBE table;**

例 4-3 查看 Message 表结构信息,其命令为

```
DESCRIBE Message;
```

3. 修改表

使用 ALTER 命令,可以对已创建的表结构进行修改,语法格式如下。

➢ 增加一列:**ALTER (TABLE | COLUMNFAMILY) <tablename>ADD column type**
➢ 删除一列:**ALTER (TABLE | COLUMNFAMILY) < tablename> DROP column**
➢ 删除多列:**ALTER (TABLE | COLUMNFAMILY) < tablename> DROP (column, column)**

例 4-4 在 Message 表中增加一列 date,数据类型是时间戳,其命令为

```
ALTER TABLE Message ADD date timestamp;
```

4. 删除表

若表不再保留,则可以使用 DROP 命令删除,语法格式:

➢ **DROP TABLE <tablename>;**

例 4-5 删除 Message 表,其命令为

```
DROP TABLE Message;
```

删除之后,将无法再查询表的相关信息,表中的数据也将一起删除。

4.3.3 数据更新

1. 插入数据

在创建表(列族)之后,可以向表中插入数据,其语法格式:

> **INSERT INTO** <tablename > (<列名称 1>, <列名称 2>,…)
> **VALUES** (<值 1>, <值 2> …) **With** <option >

在 Cassandra 中,表名、列名大小写不敏感,但列值大小写敏感。字符串用一对单引号表示,行键排序是不可控的,总是按照字节序排序。

例 4-6 在 Message 表中插入一行新的数据。

```
INSERT INTO Message (user_id, message_id , password , data )
VALUES ('xiaoming', 138881, '123456', 'Hello word!');
```

上述语句执行之后将在 Message 表中插入一行数据,列名与值要一一对应。

2. 更新数据

使用 UPDATE 语句更新表中的数据,其语法格式为:

> **UPDATE** <tablename >
> **SET** <column name>=<new value>, <column name>=<value>…
> **WHERE** <condition>

Cassandra 不允许对表的主键值进行修改。

例 4-7 将 Message 表中用户 ID 为 jack,消息 ID 是 2021 的数据更新为"I like to read books",其命令为

```
UPDATE Message
SET data='I like to read books'
WHERE user_id='jack' and message_id='2021';
```

3. 删除数据

使用 DELETE 语句删除表中的行,其语法格式为

> **DELETE FROM** <TableName>
>   **WHERE** <condition>;

例 4-8 将 Message 表中用户 ID 为 jack,消息 ID 是 2021 的行删除,其命令为

```
DELETE FROM Message
WHERE user_id = 'jack' AND message_id = '2021';
```

4.3.4 数据查询

Cassandra 数据查询的完整语法格式：

> **SELECT ＊ FROM <table name>**
> **WHERE <condition>;**

上述语句的含义是从表 table name 中查询符合 Where 条件的行，通配符 ＊ 表示返回所有的列，也可以指定具体的列名称。此外，Where 条件只支持对主键列及索引列设置查询条件，其规则如下。

（1）分区主键只能用"＝"比较运算符进行查询。

（2）聚类主键支持多个比较运算符，包括＝、＞、＜、＞＝、＜＝，且各个聚类键要按顺序依次使用，如不可以只有第二聚类键，而没有第一聚类键。

（3）索引列只支持"＝"运算符，否则需要增加 allow filtering 短语，表示强制查询。

例 4-9　查询用户 ID 为 jack 的行信息，其命令为

```
SELECT ＊ FROM Message WHERE user_id = 'jack';
```

例 4-10　查询用户 ID 为 jack，消息 ID 号是 2021 的行信息，其命令为

```
SELECT ＊ FROM Message WHERE user_id = 'jack' AND message_id = '2021';
```

4.3.5 集合数据类型

Cassandra 还提供了集合数据类型，包括 List、Set 和 Map 三种集合类型，从而可以在一个列中存储多个值，类似于低版本中的"超列"。

1. List 集合类型

List 集合类型能够存储多个值，保持元素的顺序，且值可以被重复存储。

（1）创建 User_list 表，每个用户可以存储多个 email，其语句为

```
create table User_list (
    user_id text primary key,
    emails list<text>
);
```

emails 列的数据类型是列表，其中每个数据元素的值的类型是文本类型。

（2）在 List 集合类型的列中插入数据，其语句为

```
insert into User_list (user_id, emails)
values ('jack', ['abc@gmail.com', 'cba@yahoo.com']);
```

若一个列的数据类型是 List，则这些值要放在一对中括号中。

（3）在 List 集合类型的 emails 列中增加数据，其语句为

```
update User_list set emails =emails +['xyz@tutorialspoint.com'] where user_id =
'jack';
```

（4）在 List 集合类型的 emails 列中删除数据，其语句为

```
update User_list set emails=emails -['xyz@tutorialspoint.com'] where user_id ='
jack';
```

（5）在 List 集合类型的 emails 列中修改数据，其语句为

```
update User_list set emails[2]='xyz@tutorialspoint.com' where user_id ='jack';
```

2. Set 集合类型

Set 集合类型用于存储一组元素，集合的元素将按顺序返回，值不能重复。

（1）创建 User_set 表，每个用户的手机号可以有多个。创建表的语句为

```
create table User_set(
    user_id text primary key,
    phones set<varint>
);
```

phones 列的数据类型是集合类型，其中元素的数据类型是可变精度有符号整数。

（2）在 Set 集合类型的 phones 列中插入一行数据，其语句为

```
 insert  into  User _ set (user _ id, phones) values (' jack ', {13522332228,
13984802233});
```

若一个列的数据类型是 Set，则这些值要放在一对大括号中。

（3）在 Set 集合类型的 phones 列中增加数据，其语句为

```
update User_set set phones =phones +{9848022330} where user_id ='jack';
```

（4）在 Set 集合类型的 phones 列中删除数据，其语句为

```
update User_set set phones =phones -{9848022330} where user_id ='jack';
```

3. Map 集合类型

Map 集合类型用于存储多个键值对的数据类型，其中的元素是键值对。

（1）创建 User_map 表，联系方式以键值对的形式存储，其语句为

```
create table User_map (
```

```
    user_id text primary key,
    contracts map<text, text>
);
```

contracts 列的数据类型是 Map，以键值对的形式存储数据。

（2）在 Map 集合类型的 contracts 列中插入键值对，其语句为

```
insert into User_map (user_id , contracts)
values ('jack', {'address' : 'zhejiang hangzhou' , 'code' : '310023' });
```

（3）在 Map 集合类型的 contracts 列中增加一个键值对，其语句为

```
update User_map set contracts = contracts + {'code':'310014'} where user_id = '
jack';
```

（4）在 Map 集合类型的 contracts 列中删除一个键值对，其语句为

```
update User_map set contracts['code']=null where user_id ='jack';
```

（5）在 Map 集合类型的 contracts 列中修改一个键的值，其语句为

```
update user_map set contracts['code']='310014' where user_id ='jack';
```

4.3.6 索引定义

1. 创建索引

索引能够为查询提供可选择的物理存储路径，以提高查询性能。创建索引的语法为

> CREATE INDEX [Index_name] ON <table_name(column)>

Index_name 是要创建的索引名称，可以指定名称，也可以忽略；table_name 是表名，column 是列名，可以指定多个，ASC 表示升序（默认），DESC 表示降序。

假设按以下方式创建 User 表，语句为

```
create table User (
  user_id      int,
  area         text,
  name         text,
  age          int ,
  emails       list<text>,
  phones       set<varint>,
  contracts    map<text, text>,
  primary key (user_id, area, name)
) with clustering order by (area desc, name asc);
```

上面创建的 User 表包含了三个集合数据类型的列(emails,phones 和 contracts),此外,在创建表时,已经规定了聚簇键 area 和 name 列的排序方式。在 User 表中插入的数据将按照分区键(user_id)进行分区,按聚簇键(area,name)进行排序。

例 4-11　在 User 表的 name 列上创建索引,命令为

```
create index user_name on User (name);
```

一旦在某个列上创建了索引,那么该列可以出现在查询条件中,但是查询条件只能是等号,如果不是等号,则需要使用"ALLOW FILTERING"来过滤实现。没有创建索引的列也可以出现在查询条件中,此时也需要用"ALLOW FILTERING"来过滤实现。

例 4-12　在 User 表中查询姓名是 liu,且年龄大于 25 岁的客户,其命令为

```
select * from User
where name='liu' and age>25
allow filtering;
```

2. 删除索引

若索引不再需要,则可以删除,语法格式为

> **DROP INDEX [IF EXISTS] <IndexName>;**

其中 if exists 的作用是判断指定的索引是否存在,若存在,则删除。

例 4-13　将 user 表中的索引 idx_user_name 删除,命令为

```
DROP INDEX IF EXISTS idx_user_name;
```

4.3.7　数据排序

Cassandra 使用 order by 语句对查询结果进行排序。但与 SQL 语句的排序相比,Cassandra 对排序语句的使用限制较多,需要遵循以下规则。

(1)查询语句必须有分区键(第一主键)的查询条件(Where 语句)。分区键决定了数据的存储节点,数据只能在节点内进行排序。

(2)查询语句只能根据聚类键(第二、三、四等主键)的顺序排序或相同排序。顺序排序是指 order by 后面只能是先第二聚类键排序,再第三聚类键排序,依次类推;相同排序是指参与排序的聚类键要么与创建表时指定的顺序一致,要么全部相反。

(3)查询语句的查询条件中不能含有索引列。

4.3.6 节中 User 表的 area(第一聚类键)和 name(第二聚类键)已经有了排序方式,并假设在 age 上创建了索引。那么,以下查询语句是正确的:

```
a) select * from User where user_id=123 order by area desc;
b) select * from User where user_id=123 order by area desc, name asc;
```

```
c) select * from User where user_id=123 and area ='hangzhou' order by area desc;
d) select * from User where user_id=123 and area ='hangzhou' order by area desc,
   name asc;
e) select * from User where user_id=123 order by area asc;
f) select * from User where user_id=123 order by area asc, name desc;
g) select * from User where user_id=123 and area ='hangzhou' order by area asc;
h) select * from User where user_id=123 and area ='hangzhou' order by area asc,
   name desc;
```

以下查询语句是错误的：

```
i) select * from User where user_id=123 order by area desc, name desc; //错误,User
   表指定的排序规则是 area desc, name asc,而查询语句与该排序规则没有完全一致或者完全
   相反。
j) select * from User order by area desc; //错误,没有第一主键(分区键)。
k) select * from User where user_id=1 order by name desc; //错误,不能以第二聚类键
   开始排序。
l) select * from User where age=1 order by address desc; //错误,不能对索引列排序。
```

4.3.8 聚合函数

Cassandra 列族数据库提供了一些聚合函数对表中的数据进行统计。

1. count()函数

count()函数用于返回表中行的数量。

例 4-14 返回 User 表中的所有行数,其命令为

```
SELECT COUNT (*) FROM User;
```

Count()函数也可以用于返回指定列的数量。

例 4-15 返回 User 表中年龄非空的行数,其命令为

```
SELECT COUNT (age) FROM User;
```

年龄为空的列不计算在内。

2. min()函数

min()函数用于返回某一列的最小值。

例 4-16 返回 User 表中年龄的最小值,其命令为

```
SELECT min(age) FROM User;
```

3. max()函数

max()函数用于返回某一列的最大值。

例 4-17　返回 User 表中年龄的最大值,其命令为

```
SELECT max(age) FROM User;
```

4. avg()*函数*

avg()函数可用于返回某一列的平均值。

例 4-18　计算 User 表中的平均年龄,其命令为

```
SELECT avg(age) FROM User;
```

5. sum()*函数*

sum()函数用于返回某一列的总和。

例 4-19　计算 User 表中的年龄总和,其命令为

```
SELECT sum(age) FROM User;
```

与 SQL 相比,CQL 并不支持连接(join)操作和分组(group by)操作,也不支持复杂的排序操作。为了实现数据均衡分区,需要精心选择分区键,并保证分区键唯一;此外,根据业务特征,将偏向读操作的表和写操作的表实现分离,有助于提高查询性能。

4.4　应 用 实 例

本节以微博为例给出一个应用实例。假设每个注册用户都有一些个人信息,每个用户都有自己关注的朋友,并且也有关注该用户的用户,每个用户可以发长度不超过 140 个字符的信息。如果是用关系数据库存储这些数据,则可以按照以下方式设计数据库结构,如图 4-5 所示。

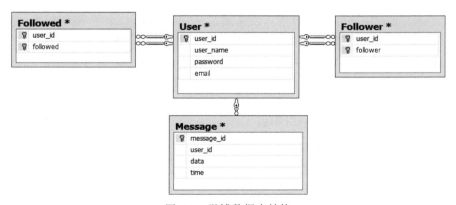

图 4-5　微博数据库结构

在 Cassandra 数据库中,可以设计表 4-4 所示的表结构。

表 4-4　user_message 表

字 段 名	说　明	允许空	字段类型	描　述
user_id	分区键	N	INT	用户 ID
message_id	聚类键	N	INT	消息 ID
user_name	静态列	N	VARCHAR（64）	用户名
password	静态列	N	VARCHAR（8）	密码
email	静态列		VARCHAR（64）	邮箱
followed			SET	关注的用户
follower			SET	被关注的用户
message			VARCHAR（64）	消息
datatime			TIMESTAMP	消息时间

在 Cassandra 中创建该表的语句如下。

```
CREATE TABLE user_message(
  user_id int,
  message_id int,
  user_name varchar(64) static,
  password varchar(8) static,
  email varchar(64) static,
  follower set<int >,
  followed set<int >,
  message varchar(140),
  timestamp timestamp,
  PRIMARY KEY(user_id, message_id)
); with clustering order by (message_id asc);
```

user_message 表用来存储用户及其发布的消息,其中 user_id 是分区键,列族数据库按照该列进行分区,不同用户的数据被映射到相应的节点上,相同用户的数据存储在同一个节点;message_id 是聚类键,并按照升序排列;user_name、password、email 是静态列,一个用户无论有多少行,实际只存储一份数据;follower 和 followed 的数据类型是集合类型,分别存储多个该用户关注的其他用户和被其他用户关注的用户;message 是用户发表的消息,最长 140B;timestamp 是发表消息的时间戳。

4.5　本章小结

Cassandra 是一个开源、分布式和面向列的大规模数据库,具有高可靠性、高性能、可伸缩和数据结构灵活等特点。列是最小的数据存储单位,由列、值和时间戳组成;超列由列名称和一组列构成,但在高版本中已不再采用,取而代之的是集合数据类型;列族是由行构成的集合,对应关系数据库的表,每行由一个行键和一组列构成,每行的列的结构可以不同;行键用来标识列族中不同的数据行;键空间由多个列族构成,相当于关系数据库的一个数据库实例。

Cassandra 采用集群对等网络结构,节点之间是对等和独立的;采用 Gossip 协议进行节点间通信,以减少通信数量;采用提交日志策略,即先写日志,再写数据,确保数据被写入磁盘;此外,数据一般需要以多个副本的形式存储,并按照指定的复制策略保证数据的最终一致性。

Cassandra 提供了类似于关系数据库 SQL 的查询语言(Cassandra query language, CQL),通过 CQL 可以实现对列族数据库的定义、修改和查询,满足大规模数据处理需求。

4.6 习　　题

1. 列族数据库的列与关系数据库的列有什么不同?
2. 列族数据库的列族与关系数据库的表有什么不同?
3. 列族数据库是按照什么分区的? 这些分区又如何存储在集群中?
4. Cassandra 采用的集群架构有什么特点? 是如何进行通信的?
5. Cassandra 采用的数据复制策略有哪些? 请说明具体含义。
6. 假设有一个关系数据库,其包含三个基本表,其中 Students 表保存了学生信息,Courses 表保存了课程信息,Reports 表保存了选课信息,如下述表格所示。

Students 基本表

Sno	Sname	Ssex	Sage	College
S01	张利	女	22	信息学院
S02	王芳	女	20	信息学院
S03	范诚欣	女	19	计算机学院
S04	李铭	男	21	计算机学院
S05	黄佳宇	男	21	理学院
S06	仇星星	男	22	理学院

Reports 基本表

Sno	Cno	Grade
S01	C01	92
S01	C03	84
S02	C01	90
S02	C02	94
S02	C03	82
S03	C01	72
S03	C02	90
S04	C03	75

Courses 基本表

Cno	Cname	Cterm	Credits
C01	高等数学	1	4
C02	英语	2	4
C03	离散数学	3	3
C04	数据库技术	4	3
C05	Java	1	2
C06	操作系统	4	3
C07	编译原理	4	3

请设计一个列族数据库来保存上述三个基本表的数据,完成以下操作。

(1) 创建 StudentMis 键空间,复制策略是 SimpleStrategy,副本数是 1。

(2) 创建两个表(列族),分别存储学生及其选修课信息、课程信息。

(3) 将数据插入所创建的两个表中。

(4) 在学生姓名列上创建一个索引,升序排列。

(5) 查询姓"张"的同学的选修课信息。

(6) 查询年龄超过 20 岁的学生信息及其选修课信息。

图数据库

在关系数据库中,数据及其联系被分散存储到许多基本表中,这导致难以发现数据之间的关联关系,也难以进行知识发现和知识推理。为了对现实世界中事物间的关系进行建模,图数据库应运而生,它被越来越多地用来描述体量巨大的实体及其联系,尤其是近年来知识图谱和属性网络的研究,图数据库被用来存储实体及其关系,为知识推理提供了强有力的支持。Neo4j 是当前较流行的图数据库,支持事务特性和分布式集群架构,并提供了功能强大的查询语言和图分析算法。本章将主要介绍图基本概念、图数据模型、Neo4j 概述和 Neo4j 查询语言等内容。

5.1 图的基本概念

图是一种数据结构,能够对一组实体及其关系建模,其中实体是图中的节点,关系是图中的边。本节将围绕这两个基本概念对图的相关概念进行介绍,这些内容对于理解图数据库非常重要。

5.1.1 节点

节点(Node)也称顶点(Vertex),是图的基本元素之一。节点的总数量称为图的阶。现实世界能够相互区别的事物都可以表示为图的节点,如作者、论文、客户、商品、公司和城市等。例如,图 5-1(a)所示的论文发表关系图包括作者和论文两类节点,每个作者节点代表一个实体,每个论文节点也代表一个实体,且这些实体可以相互区别。图 5-1(b)所示的病毒传播关系图,每个感染者都是一个实体。

节点一般具有一个或多个标签,用来表示节点的类型,图 5-1(a)的节点"刘英"的标签是"作者",节点"论文 1"的标签是"论文"。节点也可以有一组属性,作者节点可以有姓名、性别、职称、工作单位、研究领域等属性。

5.1.2 边

边(Edge)是实体之间的关系(联系)。与某节点相连的边的数量称为该节点的度数,图中边的总数量称为图的尺寸。在图 5-1(a)中,作者"刘英"发表了"论文 1",那么在节点"刘英"和节点"论文 1"之间就存在一条边。通过"边"能够直观地表达实体之间的关系。

边可以有类型、属性、权重、方向等其他辅助信息。首先,边是有类型的,如发表关系、购买关系、合作关系等,代表关系的类型;其次,边也可以有属性,如发表关系中作者排序、是否

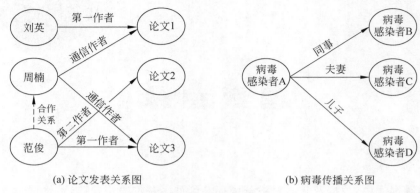

(a) 论文发表关系图　　　　　　　　(b) 病毒传播关系图

图 5-1　两个关系图示例

通信作者等都可以作为边的属性；再次，边也可以有权重，权重是关系重要性的度量，如距离、成本、时间等；最后，边还可以有方向，如果所有边都有方向，则称为有向图，如果所有边都没有方向，则称为无向图。在有向图中，边的起始节点称为头节点，结束节点称为尾节点。图 5-2(a)是一个无向图，而图 5-2(b)是一个有向图。

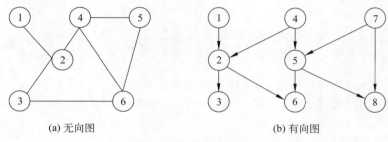

(a) 无向图　　　　　　　　　　　(b) 有向图

图 5-2　无向图和有向图

现实中，有些关系是以显式方式存在的，而有些关系却是隐含的。比如两个作者共同发表了一篇论文，那么这两个作者和这篇论文都有一条边。根据这两个边，通过知识推理可以得知这两个作者是合作关系，也就是这两个作者之间也存在一条边。基于已有关系预测可能存在关系的过程称为"链接预测"，反映在图上就是节点间关系的"补全"，这是图的一个重要应用。

5.1.3　路径

路径(Path)是从一个节点(开始节点)到另一个节点(结束节点)途径的所有节点组成的序列(包含开始节点和结束节点)。路径长度是指序列中边的个数。如果路径中第一个节点和最后一个节点相同，那么此路径称为"回路"(或"环")。如果路径中各节点都不重复，那么此路径又被称为"简单路径"；同样，除第一个节点和最后一个节点，若回路中的其他节点互不重复，则此回路被称为"简单回路"(或"简单环")。

如果图中从一个节点到另一个节点至少存在一条路径，则称这两个顶点是连通的。例如图 5-3(a)中，虽然节点 N_1 和 N_3 没有直接关联，但从 N_1 到 N_3 存在两条路径，分别是 $N_1 - N_2 - N_3$ 和 $N_1 - N_4 - N_3$，因此称 N_1 和 N_3 之间是连通的。

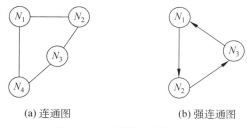

(a) 连通图　　　　　　　　　(b) 强连通图

图 5-3　连通图与强连通图

在无向图中,如果任意两个顶点之间都存在一条路径,则称该无向图为连通图。在有向图中,对任意两个节点 N_i 和 N_j,满足从 N_i 到 N_j 以及从 N_j 到 N_i 都连通,也就是都含有至少一条通路,则称该有向图为强连通图。图 5-3(b) 就是一个强连通图,任意两个节点之间都存在一个通路。

5.1.4　遍历

图的遍历(Traversal)是从指定的节点出发按照某种策略沿着边访问所有节点,使每个节点仅被访问一次,这个过程称为图的遍历。遍历过程中得到的节点序列称为遍历序列。根据遍历策略方法的不同,分为深度优先搜索(DFS)和广度优先搜索(BFS)。

深度优先搜索是从某个节点出发,首先访问该节点,然后依次从它的各个未被访问的邻接点出发深度优先搜索遍历图,直至图中所有和该节点有路径相通的节点都被访问到;若此时尚有其他节点未被访问到,则另选一个未被访问的节点作起始点,重复上述过程,直至图中所有节点都被访问到为止。图 5-2(a) 按深度优先策略遍历的一个序列是：1-2-3-6-5-4。

广度优先搜索是从图中某节点出发,在访问了该节点之后,依次访问该节点的所有邻接点,然后分别从这些邻接点出发依次访问它们的邻接点,并使得先被访问的节点的邻接点先于后被访问的节点的邻接点被访问,直至图中所有已被访问的节点的邻接点都被访问到;如果此时图中尚有节点未被访问,则需要另选一个未曾被访问过的节点作为新的起始点,重复上述过程,直至图中所有节点都被访问到为止。图 5-2(a) 按宽度优先策略遍历的一个序列是：1-2-3-4-6-5。

图数据库(如 Neo4j)提供了一套高效的遍历算法(API),可以指定遍历规则,然后自动按照遍历规则进行遍历,并返回遍历结果。

5.2　图数据模型

图数据库(Graph Database)是基于图论开发的一种 NoSQL 数据库,无论是数据存储,还是数据操作,都以图论为基础,通过直观的方式建模客观事物之间的复杂关系。图中的基本元素包括节点和边,分别对应现实世界中的实体和关系(也称为联系)。图数据库的基本任务是对图中的节点和关系进行创建、读取、更新、删除、查询和分析等。

图数据模型定义了图中节点和关系的建模、存储和实现方法。常用的图数据模型包括三种：属性图模型、三元组模型和超图模型。

5.2.1 属性图模型

属性图模型是一种常用且比较直观的图数据模型,本章介绍的 Neo4j 图数据库就采用了该模型。属性图的主要特点如下。

(1) 属性图由节点和关系(联系)组成。

(2) 节点可以有多个属性和属性值(键值对)。

(3) 节点可以有一个或多个标签。

(4) 关系只有一个类型,并总是从一个开始节点指向一个结束节点。

(5) 关系也可以有多个属性和属性值(键值对)。

属性图能够比较方便地存储图数据。图 5-4 是由电影、演员、导演等实体及其关系构成的一个图,节点就是各类实体,边就是实体间的关系。

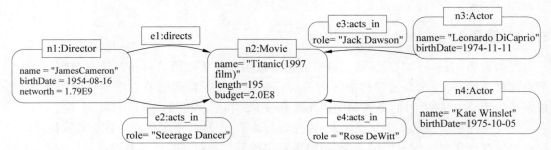

图 5-4　电影关系属性图模型

采用属性图模型,可以通过以下方式对图 5-4 所示的属性图进行存储。

(1) 节点集合

节点 $N = \{n1, n2, n3, n4\}$。

(2) 关系集合

关系 $E = \{e1, e2, e3, e4\}$,其中 e1 = (n1, n2), e2 = (n1, n2), e3 = (n3, n2), e4 = (n4, n2)。

(3) 节点标签集合

Label(n1) = Director, Label(n2) = Movie, Label(n3) = Actor, Label(n4) = Actor。

(4) 关系类型集合

Type(e1) = directs, Type(e2) = acts_in, Type(e3) = acts_in, Type(e4) = acts_in。

(5) 属性集合

Attr(n1, name) = 'James Cameron',	Attr(n1, birthDate) = 1954-08-16,
Attr(n1, networth) = 1.79E9,	Attr(n2, name) = ' Titanic(1997 film)',
Attr(n2, length) = 195,	Attr(n2, budget) = 2.0E8
Attr(n3, name) = 'Leonardo DiCaprio',	Attr(n3, birthDate) = 1974-11-11
Attr(n4, name) = ' Kate Winslet',	Attr(n3, birthDate) = 1975-10-05
Attr(e2, role) = 'Steerage Dancer',	Attr(e3, role) = 'Jack Dawson',
Attr(e4, role) = ' Rose DeWitt'.	

5.2.2 三元组模型

三元组模型是另外一种重要的图数据模型,包含主谓宾的数据结构。通过三元组表达实体与实体之间的关系,或者属性与属性值之间的关系,有以下两种形式。

- (实体,关系,实体):该三元组表达了实体与实体的关系,分别称为头实体和尾实体;
- (实体,属性,属性值):该三元组表达了实体与属性之间的关系。

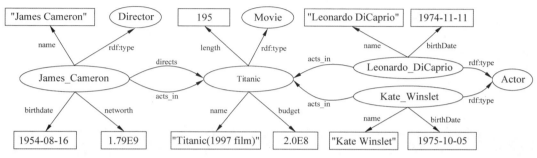

图 5-5 电影关系三元组模型

图 5-4 的属性图模型可以转换为图 5-5 所示的三元组模型,按以下三元组方式存储。

(1)(James_Cameron, rdf:type, Director),

(2)(James_Cameron, name, James Cameron),

(3)(James_Cameron, birthDate, 1954-08-16),

(4)(James_Cameron, networth, 1.79E9),

(5)(James_Cameron, directs, Titanic),

(6)(James_Cameron, acts_in, Titanic),

(7)(Titanic, rdf:type, Movie),

(8)(Titanic, length ,195),

(9)(Titanic, name, Titanic(1997 film)),

(10)(Titanic,budget ,2.0E8),

(11)(Leonardo_DiCaprio,name, Leonardo DiCaprio),

(12)(Leonardo_DiCaprio,birthDate, 1974-11-11),

(13)(Leonardo_DiCaprio,rdf:type, Actor),

(14)(Leonardo_DiCaprio,acts_in, Titanic),

(15)(Kate_Winslet,name, Kate Winslet),

(16)(Kate_Winslet,birthDate, 1975-10-05),

(17)(Kate_Winslet,rdf:type, Actor),

(18)(Kate_Winslet,acts_in, Titanic)。

5.2.3 超图模型

超图是一种广义的图数据模型,它允许一条边关联任意数量的节点,无论是开始节点还是结束节点,这样的边称为超边。相比于属性图,超图更适合对多对多关系进行建模,通过超边进行关联。如图 5-6(a)所示,通过属性图对学生和课程的多对多选修关系进行建模,每个学生可以选修多门课,同样每门课程可以有多个学生选修。图 5-6(b)通过超图对多对多的选修关系进行建模,共有 1 个超边,该超边的开始节点有两个,结束节点有三个。

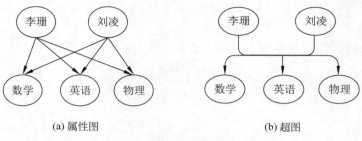

(a) 属性图　　　　　　　　　(b) 超图

图 5-6　属性图和超图的比较

5.3　Neo4j 概述

5.3.1　特点

目前主流的图数据库有 Neo4j,FlockDB,GraphDB,InfiniteGraph,Titan,JanusGraph,Pregel 等,这些图数据库主要采用属性图数据模型。Neo4j 是一个基于 Java 语言开发的图数据库,适用于大量复杂、互连接、低结构化的数据,避免了由于连接操作产生的性能问题,其特点如下。

(1)高性能。与关系数据库的关系查询相比,图数据库直接将所有的关系放在实体的列表中,避免了在关系数据库中频繁地通过连接操作进行关系查询的问题,提高了查询性能。

(2)高可用性。Neo4j 企业版可以部署在集群中,在硬件设备损坏的情况下使数据库具备完善的数据可读写能力,具有比单台数据库处理更多的负载处理能力。

(3)**ACID** 事务特性。能够通过事务的提交和回复确保数据提交的正确性和一致性,此外,也可以通过日志对数据进行恢复。

(4)图分析算法库。这些算法帮助用户分析图数据中的隐藏模式和结构,用户不必关心这些算法的实现细节,典型的算法如广度优先搜索算法、深度优先搜索算法、最小权重生成树(MWST)算法等。

(5)**REST** 服务接口。Neo4j 图数据库除了提供基于 Java 的客户端驱动包外,同时也支持 REST 服务访问它,使得任何支持 HTTP 访问的编程语言都可以使用 REST 服务访问图数据库。

5.3.2　免索引邻接

Neo4j 采用免索引邻接技术提高图数据的操作性能。假设在一个关系数据库中设计了三个基本表,分别用来存储作者信息、发表信息和论文信息,如图 5-7 所示。在发表信息表中,列 Rno 和 Pno 分别是外键。那么,在查询某个学者发表了哪些论文时,需要通过两个外键将这些基本表连接起来。连接操作(Join)将这些数据读入内存,一旦涉及的数据量较大,I/O 访问延迟就会成为一个关键瓶颈。为了提高性能,通常在外键上建立索引,通过建立索引进行查询的时间复杂度为 $O(\log(n))$,这表示随着作者数量和论文数量的增加,查询时间也随之增加。

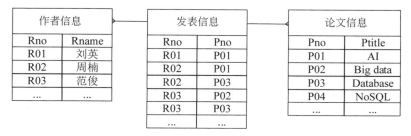

图 5-7　作者与论文之间的发表关系

图数据库通过边建立节点间的多对多联系,不需要通过连接操作进行数据查询。免索引邻接技术为每个节点维护了一个与该节点直接关联的节点、关系和属性双向链表,这样,根据节点即可快速地查找其关联的节点、关系和属性,提高了查询性能,时间复杂度降低为 $O(1)$。免索引邻接技术的优势是查询性能不会受节点和关系数量影响,每次遍历仅与该节点所涉及的数据集有关,不会随着节点数的增加而增加。

5.3.3　存储结构

Neo4j 图数据库主要有三种重要的对象,包括节点、关系和数学,下面介绍它们的存储结构。

1. 节点存储结构

在 Neo4j 图数据库中,用来存储节点的文件是 *neostore.nodestore.db*,该文件以记录形式保存了所有节点,每个节点记录的长度大小固定,均为 9B,格式为

```
Node:inUse+nextRelId+nextPropId
```

- inUse:若该项的值是 1,则表示该节点被正常使用;若该项的值是 0,则表示该节点被删除,占 1B。
- nextRelId:用来存储该节点的下一个关系 ID,整数,占 4B。
- nextPropId:用来存储该节点的下一个属性 ID,整数,占 4B。

节点的物理存储结构如图 5-8 所示。

2. 关系存储结构

用来存储关系的文件名是 *neostore.relation-shipstore.db*,该文件也以记录形式保存了所有关系,每个关系记录的长度大小固定,均为 33B,格式为

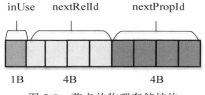

图 5-8　节点的物理存储结构

```
Relationship: inUse+firstNode+secondNode+relType+firstPrevRelId
              +firstNextrelId+secondPrevRelId +secondNextRelId+nextPropId
```

- inUse：若该项的值是 1,则表示该关系被正常使用;若该项的值是 0,则表示该关系被删除,占 1B。
- firstNode：该关系的开始节点,整数,占 4B。
- secondNode：该关系的结束节点,整数,占 4B。
- relType：该关系的类型,整数,占 4B。
- firstPrevRelId：开始节点的前一个关系 ID,整数,占 4B。
- firstNextRelId：开始节点的后一个关系 ID,整数,占 4B。
- secondPrevRelId：结束节点的前一个关系 ID,整数,占 4B。
- secondNextRelId：结束节点的后一个关系 ID,整数,占 4B。
- nextPropId：关系的最近属性 ID,整数,占 4B。

上述前后关系是在添加的时候自然形成的。如果关系是最开始添加的,则没有前一个关系;如果关系是最后一个添加的,则没有后一个关系;其他中间添加的关系都应该有前一个关系和后一个关系;由此,这些先后添加的关系将形成一个列表。

关系的物理存储结构如图 5-9 所示。

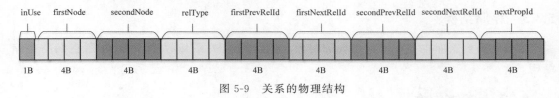

图 5-9　关系的物理结构

3. 属性存储结构

用来存储属性的文件名是 neostore.propertystore.db,该文件也以记录形式保存了所有属性,每个属性记录的长度大小固定,默认 41B,格式为

```
Property: inUse+NextPropId+PrevPropId+DEFAULT_PAYLOAD_SIZE
```

- inUse：表示属性是否可用,占 1B。
- NextPropId：下一个属性的 ID,占 4B。
- PrevPropId：前一个属性的 ID,占 4B。
- DEFAULT_PAYLOAD_SIZE：属性块,存储了属性类型和属性值,占 32B。

基于以上文件存储结构,可以快速地查找节点、关系及其属性。如果需要读取节点,只要根据节点的 ID 号(整数值)乘以节点大小(9B)就可以方便地计算出节点在存储文件中的位置。如果需要读取属性,只需要从节点的第一个属性的指针开始,遍历属性列表就可以获得;如果要查找节点的关系,只需要根据节点的第一个关系,遍历整个双向链表就可以找到关系。

图 5-10 给出了一个图存储结构实例,该图包含 5 个节点和 6 个关系,其中 5 个节点的存储记录如下所示。

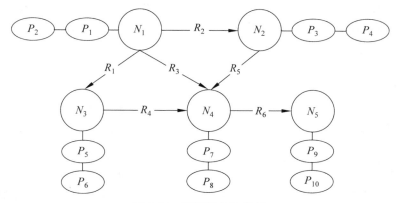

图 5-10　图存储结构实例

- Node[1，used＝true，rel＝1，prop＝1]
- Node[2，used＝true，rel＝2，prop＝3]
- Node[3，used＝true，rel＝1，prop＝5]
- Node[4，used＝true，rel＝3，prop＝7]
- Node[5，used＝true，rel＝6，prop＝9]

6 个关系的存储记录如下所示。

- Relationship[1, used＝true, source＝1, target＝3,type1, spre＝−1,snext＝2, tprev＝−1,tNext＝4, prop＝−1]
- Relationship[2, used＝true, source＝1, target＝2,type2, spre＝−1,snext＝3, tprev＝−1,tNext＝5, prop＝−1]
- Relationship[3,used＝true, source＝1, target＝4,type3, spre＝−1,snext＝−1, tprev＝−1,tNext＝6, prop＝−1]
- Relationship[4, used＝true, source＝3, target＝4,type4, spre＝1,snext＝−1, tprev＝3,tNext＝6, prop＝−1]
- Relationship[5, used＝true, source＝2, target＝4,type5, spre＝2,snext＝−1, tprev＝4,tNext＝6, prop＝−1]
- Relationship[6, used＝true, source＝4, target＝5,type6, spre＝5,snext＝−1, tprev＝−1,tNext＝−1, prop＝−1]

5.4　Neo4j 查询语言

与关系数据库的标准查询语言 SQL 类似,Neo4j 图数据库拥有自己的查询语言 Cypher,也称为 CQL(Cypher Query Language),该查询语言已经成为图数据库事实上的标准语言。

Cypher 也是一种声明式查询语言,允许用户不必编写图形结构的遍历代码,即可对图数据进行高效查询和更新。为了方便在上下文中引用查询结果,Cypher 允许定义各类变量,变量的定义需要遵循以下规则。

- 关键字不区分大小写,但是用户定义的各类对象(如属性值、标签、关系类型和变量等)区分大小写。
- 变量名必须以字母开头,可以包含下画线、字母和数字。
- 变量命名规则也适用于属性的命名。
- 变量仅在一个查询块内可见,不能用于后续查询。

在本章中,关键字统一用大写表示,以区分用户自定义的各类对象。

例 5-1　查询整个图数据库的所有节点和关系,其查询语句为

```
MATCH (n) RETURN n
```

上述语句是最简单的 Cypher 语句。MATCH 语句的功能是查询指定的模式,这里的模式是一对小括号(),它表示节点模式。由于该节点模式中没有任何限定条件,因此所有节点都与之相匹配。n 是自定义的节点变量,查询的所有节点全部赋值给该节点变量。RETURN 是返回语句,即将 n 所指代的全部节点及与该节点相关的关系全部返回。图 5-11 给出了登录 Neo4j 之后的图形化界面,上述命令写入顶部的输入框中。

图 5-11　Neo4j 图形化界面

一般地,Cypher 语言的操作语句可以分为以下三类。

(1)写语句:这类语句的功能是实现对图数据库中各种对象的增加、删除和修改。

(2)读语句:这类语句的功能是实现对图数据库的查询和统计。

(3)通用语句:这类语句的功能是对图数据库操作施加某些限制条件。

除上述三类操作语句外,Cypher 还提供了丰富的函数,可以被用户直接调用。

5.4.1　写语句

Cypher 语言的写语句主要包括 CREATE 语句、MERGE 语句、SET 语句、DELETE 语句、REMOVE 语句、FOREACH 语句、CREATE UNIQUE 语句,用于管理节点、关系及它

们的属性。

1. CREATE 语句

1）创建节点

节点是图数据库的一个基本元素,用来表示一个实体,类似于关系数据库中的一条记录。节点具有以下特征。

- 每个节点可以有一个或多个标签。
- 每个节点可以有多个属性。

创建节点的语法格式为

> **CREATE (Variable: Lable1:Lable2 {Key1:Value1, Key2:Value2})**

- （）：表示节点模式,代表节点。
- Variable：表示节点变量,将所创建的节点赋值给它,供后续语句引用。
- Lable1,Label2：表示节点标签,可以有多个(允许没有标签),表示节点的类别,与关系数据库中的基本表名对应。
- ｛｝：以键值对的形式逐个给出节点的属性和属性值,且属性值不能为空。

一旦创建新节点,Neo4j 会自动为节点赋予一个 ID,这个值是递增且唯一的。

例 5-2　创建一个空节点,其语句为

```
CREATE ()
```

上述语句将创建一个空的节点,没有标签和属性。

例 5-3　创建并返回一个空节点。

```
CREATE (n)
RETURN n
```

上述语句将创建一个空的节点,没有标签和属性;然后将该节点赋值给一个节点变量 n,并将它返回。

例 5-4　创建一个标签是 Person 的节点,姓名是 Tom Hanks,出生年份是 1956 年,其语句为

```
CREATE (p:Person {name: 'Tom Hanks', born: 1956})
RETURN p
```

上述语句将创建一个节点,标签是 Person,它具有两个属性;然后将该节点赋值给一个变量 p,并将它返回。此外,Neo4j 自动为每个节点创建一个 ID 号,以标识该节点。图 5-12 是执行上述语句之后的界面,可以看出所创建的节点 ID 是 383。

Neo4j 的节点和关系都可以有属性,属性值的基本数据类型如表 5-1 所示。

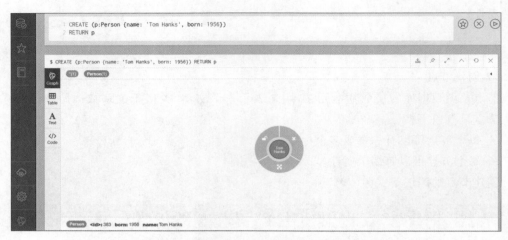

图 5-12　创建 Tom Hanks 节点的图形界面

表 5-1　Neo4j 的基本数据类型

序号	数据类型	含　义
1	boolean	表示布尔值：true,false
2	byte	表示 8 位整数
3	short	表示 16 位整数
4	int	表示 32 位整数
5	long	表示 64 位整数
6	float	表示 32 位浮点数
7	double	表示 64 位浮点数
8	char	表示 16 位字符,用一对单引号表示
9	string	表示字符串,用一对单引号表示

　　Neo4j 提供的运算符如表 5-2 所示,主要包括数学运算符、比较运算符、逻辑运算符和字符串运算符。

表 5-2　Neo4j 提供的运算符

序号	运算符类型	类　　型
1	数学运算符	＋、－、＊、/、％、^
2	比较运算符	＝、<>、<、>、<=、>=、IS NULL 和 IS NOT NULL
3	逻辑运算符	AND、OR、XOR 和 NOT
4	字符串运算符	＋

2）创建关系

关系是图数据库中的另一个基本元素,用来表示两个实体间的联系,具有以下特征。

- 关系是有方向的,且只有一个头节点和一个尾节点。
- 关系有且仅有一个类型。
- 关系可以有多个属性。

Neo4j 图数据库用一对中括号[]表示关系,创建关系时需要指定头节点、尾节点和类型,并指定关系方向。创建关系的语法格式为

> **CREATE (StartNode)-[Variable:Type {Key1: Value1, Key2:Value2}]->(EndNode)**

- []:表示关系模式,代表关系,中括号前后的短画线必不可少,短画线后面的箭头表示关系的方向。
- Variable:表示关系变量,将所创建的关系赋值给它,供后续语句引用。
- StartNode 和 EndNode:表示关系的头节点和尾节点,可以是已存在的节点或者是将要创建的新节点。
- Type:表示关系的类型,只能有一个,在定义时给出。
- {}:以键值对的形式逐个给出关系的属性和属性值。

例 5-5　同时创建两个新节点和一个新关系,其语句为

```
CREATE (n:Person {name: 'Robert', born: 1951})-[r:DIRECTED]->(m:Movie {title: 'Forrest', released: 1951})
RETURN n,r,m
```

上述语句将同时创建两个节点和一个关系;一个节点的 name 是'Robert',另外一个节点的 title 是'Forrest';关系的类型是 DIRECTED,关系的开始节点是'Robert',结束节点是'Forrest';创建完成之后返回两个节点和关系。图 5-13 给出了执行上述语句之后的界面。

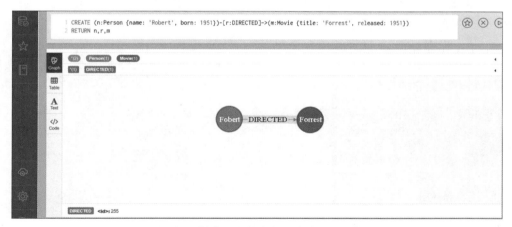

图 5-13　创建两个节点和一个关系的界面

一旦创建新关系,Neo4j 会自动为关系赋予一个 ID,这个值是递增且唯一的。

例 5-6　为已存在的节点创建一个新关系,其语句为

```
MATCH (a:Person), (b:Movie)
```

```
WHERE a.name ='Tom' AND b.title ='Forrest'
CREATE (a)-[r:ACTED_IN {roles: 'Forrest'}]->(b)
RETURN a, b
```

上述 MATCH 语句先查询两个已经存在的节点,分别赋值给变量 a 和 b;然后创建一个从节点 a 指向节点 b 的关系,创建完成之后返回两个节点和关系。

2. MERGE 语句

MERGE 语句融合了匹配(MATCH)和创建(CREATE)语句的功能。若模式存在,则匹配指定的模式;若模式不存在,则创建新的模式。

在 Neo4j 中,采用模式描述所要创建或查询的图结构,其类型包括节点模式、关系模式、关联节点模式、路径模式等,例如一对小括号()表示一个节点模式,用来匹配节点;一对中括号[]表示一个关系模式,用来匹配关系。

例 5-7 匹配'michael douglas'的节点,如果不存在该节点,则创建一个新节点,其语句为

```
MERGE (n:Person {name: 'michael douglas'})
RETURN n
```

例 5-8 匹配'Wang'节点和'Gao Ming'节点之间的关系,若不存在该关系,则重新创建两个节点(即使这两个节点存在)和一个新的关系,其语句为

```
MERGE (s:Teacher {name: 'Wang'})-[r:Directed]-(t:Student {name: 'Gao Ming'})
RETURN s, t
```

特别需要注意,在使用 MERGE 时,只有整个模式匹配成功,才不会创建任何对象,否则整个模式中的对象会被创建,即 MERGE 不能部分应用于模式。

例 5-9 检查'michael'节点是否存在,若不存在该节点,则创建该节点并设置它的属性;若存在所匹配的节点,则不设置它的属性,其语句为

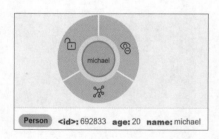

```
MERGE (n:Person {name: 'michael'})
ON CREATE SET n.age =20
RETURN n
```

3. SET 语句

SET 语句用于更新节点的标签、节点的属性和关系的属性。

例 5-10 为节点新增一个属性,其语句为

```
MATCH (n:Person {name: 'michael'})
SET n.born =1955
RETURN n
```

上述 MATCH 语句首先查询姓名是'michael'的节点,赋值给节点变量 n;SET 语句将节点的 born 属性值设置为 1955;RETURN 语句返回更新之后的节点。

例 5-11　为节点新增两个标签,其语句为

```
MATCH (n:Person {name: 'michael'})
SET n:Teacher:Man
RETURN n
```

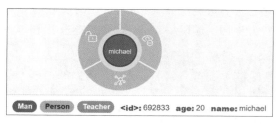

上述 MATCH 语句首先查询姓名是'michael'的节点,赋值给节点变量 n;SET 语句将为节点新设置两个标签;RETURN 语句返回更新之后的节点。

例 5-12　将一个节点的属性值设置为 NULL,其语句为

```
MATCH (n:Person {name: 'michael'})
SET n.name =NULL
RETURN n
```

如果属性值被设置为 NULL,那么属性名将自动被移除,因为 Neo4j 不允许存在属性值为 NULL 的属性。

SET 语句也可以嵌入到其他语句(如 MERGE 语句)中使用,从而根据情况灵活地设置属性。

例 5-13　匹配节点,若匹配成功,则在该节点上设置属性;若匹配不成功,则创建新节点,不设置属性。

```
MERGE (n:Teacher {name: 'michael'})
ON MATCH SET n.title = 'Professor'
RETURN n
```

4. DELETE 语句

DELETE 语句用于删除图中的节点、关系或者路径。如果节点有关系与之相连,就需要先删除关系,然后再删除节点。

此外,也可以使用 DETACH DELETE 语句删除一个节点及其关联的所有关系。

例 5-14　删除一个没有关系的节点,其语句为

```
MATCH (n {name: 'michael'})
```

```
DELETE n
```

上述语句要求节点'michael'没有关联的关系。

例 5-15　删除一个带关系的节点,其语句为

```
MATCH (n {name: 'michael'})
DETACH DELETE n
```

节点'michael'及其关系会被同时删除。

例 5-16　删除 ID 号是 269 的节点。

```
MATCH(n) WHERE ID(n)=269
DELETE n
```

上述语句中,ID()是一个函数,该函数能够返回一个节点的 ID 号。

例 5-17　删除图数据库中的所有节点和关系。

```
MATCH(n)
DETACH DELETE n
```

上述语句将会删除当前图数据库中的所有节点和关系,相当于清空了数据库。

5. REMOVE 语句

REMOVE 语句用于删除节点的标签、节点的属性和关系的属性。

例 5-18　删除节点的一个属性。

```
MATCH (n:Person {name: 'michael'})
REMOVE n.born
RETURN n
```

上述语句将删除标签是 Person、name 属性值是'michael'的节点的 born 属性。

例 5-19　删除节点的一个(或多个)标签。

```
MATCH(n:Person {name: 'Cheng long'})
REMOVE n:Person:Man
RETURN n
```

上述语句将删除节点'Cheng long'的两个标签。

6. FOREACH 语句

FOREACH 语句能够更新列表、路径等集合中的每一个元素,可执行的更新命令包括 CREATE、SET、CREATE UNIQUE 和 DELETE,语法格式为

> ➤ FOREACH (变量 IN [列表] | 更新语句)

通过以下语句创建相关节点和关系,结果如图 5-14 所示。

```
CREATE (a:Person{name:'A'}), (b:Person{name:'B'}),
      (c:Person{name:'C'}), (d:Person{name:'D'}),
(a)-[:Know]->(b)-[:Know]->(c)-[:Know]->(d)
```

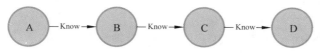

图 5-14　包含四个节点的图数据库

例 5-20　将图 5-14 所示的图数据库上所有节点的 marked 属性值设为 true,如果没有该属性,则新增一个 marked 属性。

```
MATCH p=(begin)-[*]->(end)
HERE begin.name ='A' AND end.name='D'
FOREACH (n IN nodes(p) | SET n.marked=true)
```

上述语句中,(begin)—[*]—>(end)是一个路径模式,节点变量 begin 是开始节点,节点变量 end 是结束节点,WHERE 语句指定开始节点的 name 属性值是'A',结束节点的 name 属性值是'D',[*]表示中间的路径长度可以是任意的。与该路径模式匹配的所有路径都将被查询出来,并赋给路径变量 p,该变量存储了与上述路径模式相匹配的所有路径。nodes()是一个返回路径 p 上的所有节点的函数,返回值是节点列表;FOREACH 对列表中的每一个节点执行 SET 语句,将 marked 属性值设置为 true。

7. CREATE UNIQUE 语句

CREATE UNIQUE 语句相当于匹配语句 MATCH 和创建语句 CREATE 的混合体,其只创建未匹配成功的节点和关系,需要与 MATCH 语句配合使用,其特点如下。

(1) 如果 CREATE UNIQUE 语句所要创建的节点和关系都存在,则匹配它们。

(2) 如果 CREATE UNIQUE 语句所要创建的某些节点和关系不存在,则创建它们。

CREATE UNIQUE 语句与 MERGE 语句相比,MERGE 语句只要不是完全匹配,就创建所有节点和关系,而 CREATE UNIQUE 语句只创建没有匹配到的节点或关系,且不能单独创建节点与关系,需要配合 MATCH 语句或 CREATE 语句。例如,若尝试使用 CREATE UNIQUE 语句创建一个新节点:

```
CREATE UNIQUE (n {name: 'X'})
RETURN n;
```

执行上述语句,将提示相关错误信息"This pattern is not supported for CREATE UNIQUE"。

例 5-21　为 name 属性值是"Jack"的节点添加一个女朋友。

```
MATCH (root {name: 'Jack'})
CREATE UNIQUE (root)-[:LOVE]->(someone {name: 'Alice'})
RETURN someone
```

在执行上述语句之前,假设图数据库中已经存在一个名字是'Jack'的节点,首先通过 MATCH 语句匹配到该节点,然后为该节点添加一个指向名字是'Alice'的节点,someone 是节点变量。

例 5-22 通过 CREATE UNIQUE 语句创建新的节点。

```
CREATE (a:Person {name: 'A'})
CREATE UNIQUE (a)-[:knows]->(b:Person{name: 'B'})-[:knows]->(c:Person {name: 'C'})
RETURN a,b,c
```

其中 CREATE 语句创建了'A'节点,然后在此基础上通过 CREATE UNIQUE 语句创建了'B'节点和'C'节点。

5.4.2 读语句

1. MATCH 语句

MATCH 语句用于根据指定的模式检索图数据库,WHERE 子句可以为 MATCH 语句增加条件约束。

假设通过以下语句创建了相关节点和关系,创建的结果如图 5-15 所示。

```
CREATE (r:Person {name: 'Robert', age: 35}), (t:Person {name: 'Tom', age: 56}),
    (mi:Person {name: 'Michael', age: 55}),(ma:Person {name: 'Martin', age:
    20}),
    (rob: Person {name: 'Rob', age: 42}), (f:Movie {title: 'Forrest',
    released: 1994}),
    (a:Movie {title: 'American', released: 2008}),
    (r)-[:Directed]->(f), (t)-[:Acted_in {role: 'Forrest'}]->(f),
    (mi)-[:Acted_in]->(f), (ma)-[:Acted_in {role: 'Carl Fox'}]->(f),
    (mi)-[:Acted_in {role: 'President'}]->(a),(ma)-[:Acted_in {role: 'A. J.
    MacInerney'}]->(a),
    (rob)-[:Directed]->(a)
```

创建图 5-15 所示人物关系图谱之后,执行以下例子。

例 5-23 查询标签类型是 Movie 的所有节点。

```
MATCH (n:Movie)
RETURN n
```

执行上述语句后将返回 2 个节点:'American'和'Forrest'。

例 5-24 查询姓名是'Tom'的节点。

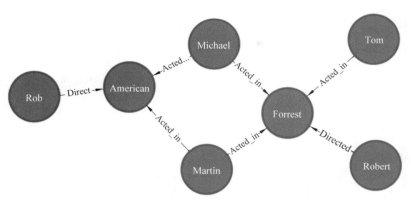

图 5-15　人物关系图谱

```
MATCH (n {name: 'Tom'})
RETURN n
```

例 5-25　查询年龄小于或等于 35 岁的所有节点。

```
MATCH (n)
WHERE n.age <=35
RETURN n
```

例 5-26　查询与电影'American'有关系的所有节点。

```
MATCH (n)--(m:Movie {title: 'American'})
RETURN n
```

上述语句的两个短画线表示一个无向关系。

例 5-27　查询演员'Tom'表演的所有电影。

```
MATCH (:Person {name: 'Tom'})-[:Acted_in]->(movie)
RETURN movie
```

上述语句中,movie 是节点变量,该变量将存储演员 Tom 表演的所有电影节点。标签是 Person 的节点没有定义节点变量,是因为后面的语句不需要引用该节点,但是“:”不能缺少,关系类型是 Acted_in 的情况也是如此。

2. OPTIONAL MATCH 语句

OPTIONAL MATCH 语句与 MATCH 语句类似,不同之处在于,如果没有匹配到,OPTIONAL MATCH 将用 NULL 作为未匹配到部分的值。

例 5-28　查询以电影'Forrest'为头节点的节点。

```
OPTIONAL MATCH (:Movie {title: 'Forrest' })-->(b)
RETURN b
```

上述语句执行后,由于不存在以电影 Forrest 为头节点的尾节点,因此输出为 NULL。

3. WHERE 语句

WHERE 语句为其他一些语句提供匹配条件,该语句不能单独使用,需要配合其他语句使用。

例 5-29 查询 age 小于 40 岁的节点。

```
MATCH (n)
WHERE n.age < 40
RETURN n
```

上述语句将查询年龄小于 40 岁的所有节点。

4. 聚合函数

Cypher 语言支持使用聚合函数对数据进行统计。聚合函数与 MATCH 命令中的 RETURN 子句一起使用,返回一组节点上的聚合值。

常用的聚合函数有以下同个。

(1) COUNT():获取 MATCH 命令返回的行数。

(2) MAX():获取 MATCH 命令返回的最大值。

(3) MIN():获取 MATCH 命令返回的最小值。

(4) SUM():获取 MATCH 命令返回的所有行的总和。

(5) AVG():获取 MATCH 命令返回的平均值。

(6) COLLECT():函数将所有的值收集起来放入一个列表,空值 NULL 将被忽略。

例 5-30 查询图数据库中节点的个数。

```
MATCH (n)
RETURN COUNT(*)
```

例 5-31 计算年龄之和。

```
MATCH (n:Person)
RETURN SUM(n.age)
```

例 5-32 计算年龄的最小值。

```
MATCH (n:Person)
RETURN MIN(n.age)
```

例 5-33 将所有的查询收集起来存入一个列表。

```
MATCH (n:Person)
RETURN COLLECT(n.age)
```

上述语句将每个人的年龄放在一个列表中,执行结果为:[35,56,55,20,42]。

5.4.3　通用语句

1. RETURN 语句

RETURN 语句可以返回查询到的路径、节点、关系或属性等。

例 5-34　查找每个人的年龄。

```
MATCH (n:Person)
RETURN n.age
```

例 5-35　查询 Alice 和 Daniel 之间长度是 2 的路径。

```
MATCH p=(a)-[*2]->(b)
WHERE a.name='Alice' AND b.name='Daniel'
RETURN p
```

MATCH 语句后面是路径模式,开始节点的 name 属性值是'Alice',结束节点的 name 属性值是'Daniel',路径长度是 2,将符合该模式的路径赋给路径变量 p,然后用 RETURN 语句返回查询到的所有路径。

2. ORDER BY 语句

ORDER BY 语句用于对输出的结果进行排序,要紧跟在 RETURN 语句或 WITH 语句的后面,它指定了输出结果的排序方式:ASC(升序)、DESC(降序)。

例 5-36　查询节点的姓名和年龄,并按照年龄大小降序排列。

```
MATCH (n:Person)
RETURN n.name, n.age
ORDER BY n.age DESC
```

3. LIMIT 语句

LIMIT 语句限制输出的行数,可接受结果为正整数的表达式。

例 5-37　查询节点的姓名和年龄,并按照年龄大小升序排列,只输出前面三行。

```
MATCH (n:Person)
RETURN n.name, n.age
ORDER BY n.age ASC
LIMIT 3
```

n.name	n.age
"Martin"	20
"Robert"	35
"Rob"	42

4. SKIP 语句

SKIP 语句定义了从哪行开始返回结果,使用 SKIP 可以跳过开始的一部分结果。

例 5-38　查询节点的姓名和年龄,并按照年龄大小升序排列,跳过前面三行,从第四行开始输出结果。

```
MATCH (n:Person)
RETURN n.name, n.age
ORDER BY n.age ASC
SKIP 3
```

n.name	n.age
"Michael"	55
"Tom"	56

5. WITH 语句

一个复杂的查询语句往往需要经过多次中间处理。WITH 语句可以把上一个查询语句的结果作为输入,经适当处理,再把结果作为后面语句的输入,一般还需要通过 WHERE 语句进行过滤。

例 5-39　在创建的人物关系图(见**图 5-15**)中,查询与'Martin'相关联的电影,且该电影至少有 3 个内向关系。

```
MATCH (d {name: 'Martin'})--(n1)<--(n2)
WITH n1, count(n2) AS num
WHERE num >2
RETURN n1.title, num
```

上述语句中,WITH 语句的作用是对 MATCH 的匹配结果进行处理,计算出节点变量 n2 的数量,并通过 WHERE 语句指出过滤的条件。聚合的结果必须通过 WITH 子句才能被传递,即 WITH 子句保留 n1,并新增聚合查询 COUNT(*),通过 WHERE 子句过滤。

上述语句的执行结果为：'Forrest',3

例 5-40　按照姓名排序后,收集姓名的列表。

```
MATCH (n)
WITH n
ORDER BY n.name DESC
RETURN COLLECT(n.name)
```

需要注意的是,ORDER BY 语句不可以跟在 MATCH 语句后面,要紧跟在 RETURN 或者 WITH 的后面。上述的 WITH 语句和 ORDER BY 语句联合使用,对结果进行排序,然后再输出,执行结果为：["Tom","Robert","Rob","Michael","Martin"]。

6. UNWIND 语句

UNWIND 语句将一个列表展开为一个行的序列,列表可以以参数的形式传入。

例 5-41　将原列表中的每个值以单独的行返回。

```
MATCH (n:Person)
WITH COLLECT(n.age) AS x
UNWIND x AS y
```

y
35
56
55
20
42

```
RETURN y
```

上述语句中,x 是一个列表,y 是一个序列,需注意它们的区别。执行结果如右图所示。

7. UNION 语句

UNION 语句将两个结果集进行合并,去掉重复的结果。UNION ALL 语句则将两个结果集合并,不去掉重复的结果。

例 5-42　用 UNION ALL 将两个查询的结果组合在一起。

```
MATCH (n:Person)
RETURN n.name AS name
UNION ALL
MATCH (n:Movie)
RETURN n.title AS name
```

name
"Robert"
"Tom"
"Michael"
"Martin"
"Rob"
"Forrest"
"American"

上述语句中的 UNION ALL 语句将两个 RETURN 语句的输出结果进行合并,即使出现重复的结果,也不去掉。

8. CALL 语句

Neo4j 提供了许多存储过程,可以直接使用,而调用存储过程需要用到 CALL 语句。调用存储过程的语法为

> **CALL package.procedure(params)**

- package：存储过程所在的包。
- procedure：存储过程名称。
- params：存储过程参数。

例 5-43　查看 Neo4j 提供的所有存储过程。

```
CALL dbms.procedures
```

执行上述语句,将列出可使用的所有存储过程。

以下是几个存储过程,包的名称和存储过程的名称对大小写是敏感的。

- db.labels()：返回所有节点的标签。
- db.relationshiptypes()：返回所有关系的类型。
- db.schema()：返回所有节点和关系结构信息。

9. CASE 语句

分支 CASE 语句用于实现条件分支,如果满足条件语句中的条件,则返回此条件的结果;否则返回 ELSE 的结果;如果 CASE 语句中没有 ELSE,则返回 NULL。CASE 语句可

以分为简单 CASE 语句和普通 CASE 语句。

1）简单 CASE 语句

简单 CASE 语句的语法格式如下。

```
➢ CASE test
    WHEN value THEN result
    [WHEN value THEN result]
    [ELSE default]
  END
```

- test：是分支表达式。
- value：一个与 test 条件比较的表达式。
- result：如果匹配该条件，返回的结果。
- default：缺省返回的结果。

先按照以下语句创建相应节点和关系，结果如图 5-16 所示。

```
CREATE (A:Person {name:'Alice',eyes:"brown",age:38}),
       (B:Person {name:"Bob", eyes:"blue", age:25}),
       (C:Person {name:"Charlie", eyes:'green',age:53}),
       (D:Person {name:"Daniel", eyes:'brown', age:33}),
       (E:Person{name:'Eskil',eyes:"blue",age:41,array:['one','two','three']}),
       (A)-[:KNOWS]->(B), (A)-[:KNOWS]->(C),
       (B)-[:KNOWS]->(D), (C)-[:KNOWS]->(D),
       (B)-[:MARRIED]->(E)
```

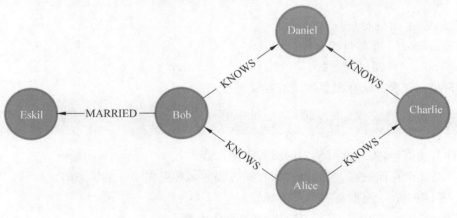

图 5-16 朋友关系图

例 5-44 查询所有的 Person 节点，根据姓名返回相应字符串。

```
MATCH (n)
```

```
RETURN
  CASE n.name
    WHEN 'Alice' then 'I am Alice'
    WHEN 'Bob' then 'I am Bob'
    ELSE 'I am other person.'
  End
```

1	"I am Alice"
2	"I am Bob"
3	"I am other person."
4	"I am other person."
5	"I am other person."

以上语句的执行结果如右图所示。

2）普通 CASE 语句

普通 CASE 语句的语法格式如下。

> CASE
> 　　WHEN predicate THEN result
> 　　[WHEN predicate THEN result]
> 　　[ELSE default]
> 　　END

- predicate：给定的断言。
- result：如果匹配该条件，返回的结果。
- default：缺省返回的结果。

例 5-45　查询所有的 Person 节点，根据姓名返回相应字符串。

```
MATCH (n)
RETURN
CASE
    WHEN n.name='Alice' then 'I am Alice'
    WHEN n.name='Bob' then 'I am Bob'
    ELSE 'I am other person.'
End
```

以上语句的执行结果与例 5-44 的结果相同。

5.4.4　各类函数

1. 断言函数

断言函数用于过滤子图，将返回一个布尔值。常用的断言函数有 ALL、ANY、NONE、SINGLE、EXISTS 五个。

1）ALL 函数

如果列表中的所有元素使断言都为真，则函数返回真，其语法格式如下。

> ALL (variable IN list WHERE predicate)

- variable：断言的变量，其取值来自 list 列表。
- list：断言的列表。

- predicate：断言,用于测试列表中的每个元素。

如果 list 列表中的所有元素都使断言成立,则 ALL 函数返回真,否则返回假。

例 5-46 查询所有的 Person 节点,如果年龄都大于 19 岁,则返回年龄的列表。

```
MATCH (a:Person)
WITH COLLECT (a.age) as x
WHERE ALL (b IN x WHERE b >19)
RETURN x
```

上述语句中只有所有人的年龄都大于 19 岁,才返回年龄的列表,执行结果为:[35,56, 55,20,42]。

2) ANY 函数

如果列表中的某一个元素使断言为真,则函数返回真,其语法格式如下。

➢ ANY (variable IN list WHERE predicate)

- variable：断言的变量,其取值来自 list 列表。
- list：断言的列表。
- predicate：断言,用于测试列表中的每个元素。

例 5-47 查询所有的 Person 节点,如果有一个节点的年龄超过 30 岁,则返回年龄的列表。

```
MATCH (a:Person)
WITH COLLECT (a.age) as x
WHERE ANY (b IN x WHERE b >30)
RETURN x
```

上述语句中只要有一人的年龄超过 30 岁,就返回年龄的列表,执行结果为[35,56, 55,20,42]。

3) NONE 函数

如果列表中的所有元素使断言为假,则函数返回真,其语法格式如下。

➢ NONE(variable IN list WHERE predicate)

- variable：断言的变量,其取值来自 list 列表。
- list：断言的列表。
- predicate：断言,用于测试列表中的每个元素。

例 5-48 查询所有的 Person 节点,如果所有年龄都不超过 60 岁,则返回年龄的列表。

```
MATCH (a:Person)
WITH COLLECT (a.age) as x
WHERE NONE(b IN x WHERE b >60)
RETURN x
```

上述语句中,只要有一人的年龄超过 60 岁,就不会返回年龄的列表。

4) SINGLE 函数

如果列表中只有一个元素使得条件为真,则函数返回真,其语法格式如下。

> SINGLE(variable IN list WHERE predicate)

- variable：断言的变量,其取值来自 list 列表。
- list：断言的列表。
- predicate：断言,用于测试列表中的每个元素。

例 5-49　查询所有的 Person 节点,如果仅有一个人的年龄为 35 岁,则返回年龄的列表。

```
MATCH (a:Person)
WITH COLLECT (a.age) as x
WHERE SINGLE(b IN x WHERE b = 35)
RETURN x
```

上述语句中仅有一人的年龄为 35 岁时,才返回年龄的列表。

5) EXISTS 函数

如果图中存在指定的模式,或节点中存在指定的属性时,函数返回真,其语法格式如下。

> EXISTS(pattern-or-property)

- pattern-or-property：模式或者属性。

例 5-50　查询所有的 Person 节点,如果存在 age 属性,则返回它们的姓名和年龄。

```
MATCH (n:Person)
WHERE EXISTS(n.age)
RETURN n.name, n.age
```

上述 EXISTS 语句判定节点变量 n 是否存在 age 属性,若存在,则返回真。

例 5-51　查询与电影'Forrest'相关的演员,若存在,则返回它们的姓名。

```
MATCH (n:Person)
WHERE EXISTS((n)-[:Acted_in]->({title:'Forrest'}))
RETURN n.name
```

上述 EXISTS 语句判定指定的模式是否存在,若存在,则返回真。

2. 标量函数

标量函数将返回一个实际值。常用的标量函数有以下 10 个。

(1) SIZE()：返回列表中元素的个数。

(2) LENGTH()：返回路径的长度,即路径中关系的个数。

(3) TYPE()：返回关系的类型。

(4) ID()：返回关系或者节点的 ID。

(5) COALESCE()：返回表达式列表中第一个非空的值，若全为空，则返回 NULL。

(6) HEAD()：返回列表中的第一个元素。

(7) LAST()：返回列表中的最后一个元素。

(8) STARTNODE()：返回一个关系的开始节点。

(9) ENDNODE()：返回一个关系的结束节点。

(10) PROPERTIES()：返回节点或关系的属性及属性值。

下面的例子使用图 5-15 所示的图数据库。

例 5-52 返回列表中元素的个数。

```
RETURN SIZE(['Tom','Robert']) AS col
```

返回结果为 2。

例 5-53 返回与指定模式相匹配的子图个数。

```
MATCH(a)
WHERE a.name = 'Tom'
RETURN SIZE((a)-->()<--()) AS num
```

上述语句中已经指定了起始节点'Tom'，后面的节点未指定，只要与该模式匹配，即可算在子图个数中，结果为 3。

例 5-54 返回路径 p 的长度。

```
MATCH p=(a)-->(b)<--(c)
WHERE a.name = 'Tom'
RETURN LENGTH(p)
```

上述语句返回路径 p 的长度为 2（边的个数）。

例 5-55 返回关系的类型。

```
MATCH (n)-[r]-()
WHERE n.name = 'Tom'
RETURN TYPE(r)
```

上述语句中，关系变量 r 的类型为"Acted_in"。

例 5-56 返回每个人的节点 ID。

```
MATCH (a:Person)
RETURN ID(a)
```

上述语句将返回每个节点的 ID，该 ID 是 Neo4j 提供的唯一标识，由系统赋值。

例 5-57 返回节点中第一个非空的属性值。

```
MATCH (a:Person {name: 'Tom'})
RETURN COALESCE(a.sex, a.age)
```

由于没有 sex 属性,因此返回 age 的属性值。

例 5-58 返回关系的开始节点和结束节点。

```
MATCH (a:Person {name: 'Tom' })-[r]-()
RETURN STARTNODE(r), ENDNODE(r)
```

上述语句将返回匹配成功的路径的开始节点和结束节点。

例 5-59 返回标签为 Person 的节点的属性及属性值。

```
MATCH (n:Person)
RETURN PROPERTIES(n)
```

3. 列表函数

列表函数将返回多个值。常用的列表函数有以下 9 个。

(1) NODES():返回路径中所有的节点。

(2) RELATIONSHIPS():返回路径中所有的关系。

(3) LABELS():返回节点的标签。

(4) KEYS():以字符串形式返回节点和关系的所有属性名。

(5) FILTER():返回列表中满足断言要求的所有元素。

(6) TAILS():返回除首元素之外的所有元素。

(7) RANGE():返回某个范围内的数值,值之间默认步长为 1。

(8) EXTRACT():从节点或关系列表中抽取单个属性或函数的值。

(9) REDUCE():对列表中每个元素执行表达式,将表达式结果存入累加器。

下面的例子使用如图 5-15 所示的图数据库。

例 5-60 返回路径中的所有节点。

```
MATCH p=(a)--(b)--(c)
WHERE a.name ='Tom' AND c.name ='Martin'
RETURN NODES(p)
```

上述语句将返回路径 p 上的所有节点。

例 5-61 返回路径 p 中的所有节点关系的属性和属性值。

```
MATCH p=(a)-->(b)-->(c)
WHERE a.name ='Alice' AND c.name ='Eskil'
RETURN RELATIONSHIPS(p)
```

上述语句将返回路径中的所有关系。

例 5-62 返回节点 a 的所有标签。

```
MATCH (a)
WHERE a.name ='Alice'
RETURN LABELS(a)
```

4. 数学函数

数学函数将返回一个值。常用的数学函数有以下 5 个。

（1）ABS()：返回绝对值。

（2）ROUND()：返回距离表达式值最近的整数。

（3）SQRT()：返回数值的平方根。

（4）SIGN()：返回一个数值的正负，若为正，则返回 1；若为负，则返回 -1；若为零，则返回 0。

（5）FLOOR()：返回小于或等于表达式的最大整数。

5. 字符串函数

字符串函数将返回一个处理之后的字符串。常用的字符串函数有以下 7 个。

（1）REPLACE()：返回被替换字符串替换后的字符串。

（2）SUBSTRING()：返回原字符串的子串。

（3）LEFT()：返回原字符串左边指定长度的子串。

（4）RIGHT()：返回原字符串右边指定长度的子串。

（5）LTRIM()：返回原字符串移除左侧空白字符后的字符串。

（6）RTRIM()：返回原字符串移除右侧空白字符后的字符串。

（7）TRIM()：返回原字符串移除两侧空白字符后的字符串。

以上函数不再举例，可以自主实验操作。

5.4.5　创建索引

Cypher 允许在节点的属性上创建索引，以提高查询性能。索引一旦创建，它将自己管理并当数据发生变化时自动更新。在节点上创建索引的语法如下。

➢ CREATE INDEX ON: LABEL(PROPERTY)

- LABEL：创建索引的节点标签。
- PROPERTY：创建索引的节点属性。

例 5-63　在 Person 标签的 name 属性上创建索引。

CREATE INDEX ON: Person(name)

标签类似关系数据库中的表名，属性名相当于表的列名，这里可以看作在 Person 表的 name 列上建立了索引。

使用 DROP INDEX 可以删除索引。

例 5-64　删除 Person 标签在 name 属性上的索引。

```
DROP INDEX ON:Person(name)
```

5.4.6 模式定义

模式用于描述如何查询图数据,包括节点模式、关系模式、关联节点模式和路径模式。

1. 节点模式

节点模式使用一对小括号()表示。节点具有标签和属性,如果需要引用节点,则需要定义节点变量,常见的节点模式如下。

- ():该模式用于描述节点,且是匿名节点。
- (n):该模式用于描述节点,节点变量名是 n。
- (n:label):该模式用于描述节点,节点具有指定的标签 label,也可以指定多个标签。
- (n{name: 'Vic'}):该模式用于描述节点,节点具有 name 属性,并且属性值是'Vic',也可以指定多个属性。
- (n:label{name:'Vic'}):该模式用于描述节点,节点具有指定的标签 label 和属性 name,并且属性值是 'Vic'。

2. 关系模式

关系模式使用一对中括号[]表示,如果需要引用关系,则需要定义关系变量。常见的关系模式如下。

- []:该模式用于描述关系,且是匿名关系。
- [r]:该模式用于描述关系,关系变量名是 r。
- [r: type]:该模式用于描述关系,type 是关系类型,每个关系必须有且仅有一个类型。
- [r:type {name: 'Friend'}]:该模式用于描述关系,关系的类型是 type,关系具有属性 name,并且属性值是 'Friend'。

3. 关联节点模式

节点之间通过关系联系在一起,由于关系具有方向性,因此,-->表示有向关系,--表示存在关系,但不指定方向。常见的关联节点模式如下。

- (a)-[r]->(b):该模式用于描述节点 a 和 b 之间存在有向关系 r。
- (a)-->(b):该模式用于描述节点 a 和节点 b 之间存在有向关系。
- (a)-[r]-(b):该模式用于描述节点 a 和 b 之间存在关系 r,不指定方向。

4. 路径模式

路径(Path)是节点和关系的有序组合。从一个节点通过直接关系链接到另外一个节点,这个过程叫遍历,经过的关系个数称为路径长度,也称为步长。Neo4j 支持变长路径模式,[*N..M]表示路径长度的最小值为 N,最大值为 M。常见的路径模式如下。

- (a)-->(b):是步长为 1 的路径,节点 a 和 b 之间存在直接关系,且方向从 a 到 b。

- (a)-->()-->(b)：是步长为 2 的路径，从节点 a 经过两个关系和一个节点，到达节点 b。
- (a)-[* 2]->(b)：表示路径长度固定为 2，头节点是 a，尾节点是 b。
- (a)-[* 3..5]->(b)：表示路径长度的最小值是 3，最大值是 5，头节点是 a，尾节点是 b。
- (a)-[* 3..]->(b)：表示路径长度的最小值是 3，头节点是 a，尾节点是 b。
- (a)-[* ..5]->(b)：表示路径长度的最大值是 5，头节点是 a，尾节点是 b。
- (a)-[*]->(b)：表示不限制路径长度，头节点是 a，尾节点是 b。

此外，路径可以赋给一个变量，该变量是路径变量，用于查询路径。

例 5-65 在图 5-16 所示的图数据库中，返回'Alice'节点到'Daniel'节点的路径。

```
MATCH p=(a)-[ * ]-(b)
WHERE a.name ='Alice' AND b.name ='Daniel'
RETURN p
```

执行结果如图 5-17 所示。

Neo4j 定义了返回最短路径函数 shortestPath() 和所有最短路径函数 allshortestpaths()，这两个函数用于返回两个节点的最短路径或所有最短路径，举例如下。

例 5-66 在图 5-16 所示的图数据库中，返回'Alice'节点到'Charlie'节点的最短路径。

```
MATCH p=shortestpath((a)-[ * ]->(b))
WHERE a.name ='Alice' AND b.name ='charlie'
RETURN p
```

执行结果如图 5-18 所示。

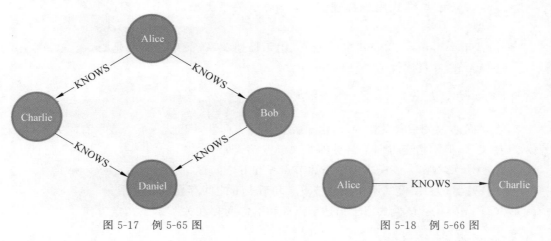

图 5-17 例 5-65 图　　　　　　　图 5-18 例 5-66 图

例 5-67 在图 5-16 中，返回'Alice'节点到'Daniel'节点的最短路径。

```
MATCH p=shortestpath((a)-[ * ]->(b))
WHERE a.name ='Alice' AND b.name ='Daniel'
RETURN p
```

执行结果如图 5-19 所示,只返回一个最短路径。

例 5-68 在图 5-16 中,返回'Alice'节点到'Daniel'节点的所有最短路径。

```
MATCH p=all shortestpaths((a)-[*]->(b))
WHERE a.name ='Alice' AND b.name ='Daniel'
RETURN p
```

执行结果如图 5-20 所示,共返回两个路径。

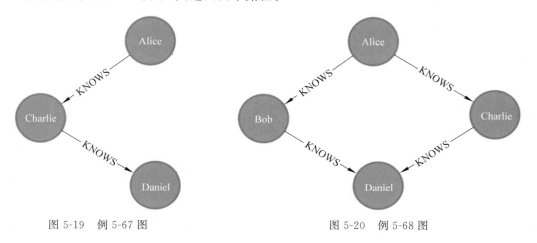

图 5-19 例 5-67 图   图 5-20 例 5-68 图

5.4.7 创建约束

约束用来保证图数据的完整性,应用于节点或者关系的属性,具体分为以下两类。
- 唯一性约束:确保属性的值是唯一的,如果没有该属性,则无须遵循该约束。
- 存在性约束:确保属性是存在的,即要求节点或关系都应该具有该属性。Neo4j 企业版才支持存在性约束。

节点或者关系的属性唯一性约束和存在性约束可同时拥有。

1. 唯一性约束

使用 IS UNIQUE 创建约束,确保图数据库的节点或者关系的属性值是唯一的。

例 5-69 在节点的 name 属性上添加唯一性约束。

```
CREATE CONSTRAINT ON (b:Person) ASSERT b.name IS UNIQUE
```

通过上述唯一性约束,具有 Person 标签的节点,其 name 属性值是唯一的。

使用 DROP CONSTRAINT 可以删除唯一性约束。

例 5-70 删除节点在 name 属性上的唯一性约束。

```
DROP CONSTRAINT ON (b:Person) ASSERT b.name IS UNIQUE
```

2. 存在性约束

使用 ASSERT exists(variable.propertyName)创建存在性约束,可确保节点或者关系必须具有该属性。

例 5-71　在节点的 name 属性上添加存在性约束。

```
CREATE CONSTRAINT ON(p:Person) ASSERT exists(p.name)
```

通过上述唯一性约束,具有 Person 标签的节点必须具有 name 属性。

例 5-72　在关系的 day 属性上添加存在性约束。

```
CREATE CONSTRAINT ON ()-[k: Knows]-() ASSERT exists(k.day)
```

通过上述唯一性约束,具有 Knows 类型的关系必须具有 day 属性。

例 5-73　删除节点在 name 属性上的存在性约束。

```
DROP CONSTRAINT ON (p:Person) ASSERT exists(p.name)
```

例 5-74　删除关系在 day 属性上的存在性约束。

```
DROP CONSTRAINT ON ()-[k: Knows]-() ASSERT exists(k.day)
```

5.5　应用实例

假设某关系数据库中存储了学生及其选修课的相关数据,共有四张基本表,分别是学生(Student)表、选修课(Report)表、课程(Course)表和学院(Depts)表,见表 5-3~表 5-6。

表 5-3　Student 表

Sno	Sname	Ssex	Sage	Dno
S01	张利	男	21	D01
S02	王芳	女	19	D01
S03	范诚欣	女	18	D02
S04	李铭	男	19	D03
S05	黄佳宇	男	18	D03
S06	仇星星	男	20	D03

表 5-4　Report 表

Sno	Cno	Grade
S01	C01	92
S01	C03	84
S02	C01	90
S02	C02	94
S02	C03	82
S03	C01	72
S03	C02	90
S03	C03	75

表 5-5　Course 表

Cno	Cname	Cterm	Credits
C01	高等数学	1	4
C02	英语	2	2
C03	离散数学	3	3

表 5-6　Dept 表

Dno	Dname
D01	自动化系
D02	计算机系
D03	数学系

现将上述四个表中的数据存入 Neo4j 图数据库中。按照表中的数据设计三个实体：学生实体、课程实体和学院实体，然后在这三个实体之间建立相应关系。

1. 创建图数据库

```
(1) Create
(2) (s1:Student{Sno:'S01', Sname:'张利', Ssex:'男', Sage:21}),
(3) (s2:Student{Sno:'S02', Sname: '王芳', Ssex:'女', Sage: 19}),
(4) (s3:Student{Sno: 'S03', Sname:'范诚欣', Ssex:'女', Sage: 18}),
(5) (s4:Student{Sno: 'S04', Sname: '李铭', Ssex:'男', Sage: 19}),
(6) (s5:Student{Sno:'S05', Sname: '黄佳宇', Ssex:'男', Sage: 18}),
(7) (s6:Student{Sno: 'S06', Sname: '仇星星', Ssex:'男', Sage: 20}),
(8) (c1:Course{Cno: 'C01', Cname:'高等数学',Cterm: '1', Credits: 4 }),
(9) (c2:Course{Cno:'C02', Cname:'英语', Cterm: '2', Credits: 2 }),
(10) (c3:Course{Cno:'C03', Cname:'离散数学',Cterm: '3', Credits: 3}),
(11) (d1:Dept{Dno: 'D01', Dname: '自动化系' }),
(12) (d2:Dept{Dno: 'D02', Dname: '计算机系' }),
(13) (d3:Dept{Dno: 'D03', Dname: '数学系' }),
(14) (s1)-[:Report{Grade:92}]->(c1),
(15) (s1)-[:Report{Grade:84}]->(c3),
(16) (s2)-[:Report{Grade:90}]->(c1),
(17) (s2)-[:Report{Grade:94}]->(c2),
(18) (s2)-[:Report{Grade:82}]->(c3),
(19) (s3)-[:Report{Grade:72}]->(c1),
(20) (s3)-[:Report{Grade:90}]->(c2),
(21) (s4)-[:Report{Grade:75}]->(c3),
(22) (s1)<-[:Have]-(d1),
(23) (s2)<-[:Have]-(d1),
(24) (s3)<-[:Have]-(d2),
(25) (s4)<-[:Have]-(d3),
(26) (s5)<-[:Have]-(d3),
(27) (s6)<-[:Have]-(d3)
```

上述语句中，(2)～(7)创建了六个学生实体，每个学生都有相应属性；(8)～(10)创建了三个课程实体，每个课程都有相应属性；(11)～(13)创建了三个学院实体，每个学院都有相应属性；(14)～(21)创建了学生和课程之间的选修关系，每个关系都有一个成绩作为关系的属性；(22)～(27)创建了学生和学院之间的隶属关系。

执行上述语句之后得到的结果如图 5-21 所示。

2. 操作图数据库

创建上述图数据库之后，可以对图数据库进行查询和更新操作，举例如下。

例 5-75　在学生"李铭"和课程"英语"之间增加一个选修关系。

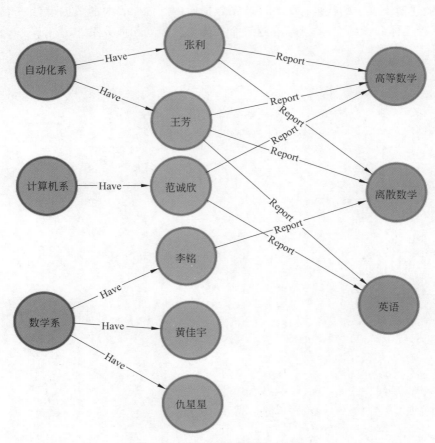

图 5-21 学生及其选修课关系图

```
MATCH(s:Student{Sname: '李铭'}),(c:Course{Cname: '英语'})
MERGE(s)-[r:Report]->(c)
```

例 5-76 为学生"李铭"新增一个"ACM"队员的类型。

```
MATCH(s:Student{Sname: '李铭'})
SET s:ACM
```

例 5-77 在"李铭"和课程"英语"的选修关系中新增一个成绩属性，并设置为 90 分。

```
MATCH(s:Student{Sname: '李铭'})-[r:Report]-(c:Course{Cname: '英语'})
SET r.Grade=90
```

例 5-78 查询选修了"离散数学"的最高分、最低分和平均分。

```
Match (n)-[r]->(:Course{Cname:'离散数学'})
RETURN MAX(r.Grade), MIN(r.Grade), AVG(r.Grade)
```

例 5-79　查询选修了三门课程的学生姓名。

```
MATCH (n:Student)-->(m:Course)
WITH n, count(*) as cnt
WHERE cnt=3
RETURN n.Sname
```

5.6　本 章 小 结

图数据库是基于图论构建的一种 NoSQL 数据库,由节点和边两种基本元素组成。Neo4j 是当前较流行的图数据库,其采用属性图模型,支持事务特性和分布式集群架构,采用免索引邻接技术提高数据查询性能,并提供了功能强大的 Cypher 查询语言。通过Cypher 查询语言可以进行图数据定义、图数据查询和图数据操作,所提供的各类函数具有强大的功能。此外,还可以定义索引和约束,以进一步提高查询性能,确保图数据的完整性。

5.7　习　　　题

1. 图数据库中的节点和边分别表示什么含义?

2. 有哪些典型的图数据模型,Neo4j 和知识图谱分别采用了什么图数据模型?

3. 什么是免索引邻接技术,其时间复杂度是多少?

4. 简述 Neo4j 的特点,它的节点和边是如何存储的?

5. Neo4j 可以定义哪些类型的约束,具体含义是什么?

6. 什么是模式?Neo4j 如何通过模式匹配查询图数据库?

7. 根据 5.5 节中定义的图数据库,使用 Cypher 查询语言完成以下操作。

(1) 查询姓名是"李铭"的学生,他的年龄是 21 岁,性别是"男";若不存在,则创建该节点。

(2) 查询自动化系的所有学生信息,按照姓名降序排列。

(3) 查询选修了"英语"课程的学生姓名。

(4) 查询"数学系"的学生,按照姓名降序排列,输出姓名列表。

(5) 查询学生"张利"的节点 ID、标签和属性列表。

(6) 在学生节点的 Sname 属性上建立索引。

图数据科学算法库

Neo4j 图数据库除了提供 Cypher 查询语言对图数据进行操作之外,还提供功能强大的图分析算法库对图数据进行分析和挖掘,这套算法库称为图数据科学(Graph Data Science, GDS)算法库,其中包含路径查找、中心度、社区发现、节点相似度、链接预测、节点分类等多种类别的算法,功能非常强大,可以通过 CALL 语句直接调用。本章将结合实际例子介绍这些算法的概念和使用方法,以便让用户更便捷地利用这些算法对自己的图数据库进行分析和挖掘。

6.1 图数据科学算法库概述

GDS 算法库主要用于计算和度量图、节点或关系,分析相关实体(中心度、重要性)或社区等固有结构(社区检测、图分区、聚类)。许多图算法是迭代的,使用随机游走、广度优先、深度优先搜索和模式匹配进行图遍历。由于路径随着距离的增加呈指数增长,因此许多算法具有很高的空间复杂度和时间复杂度。此外,算法可能针对不同的图类型,如有向图或无向图,同构图或异构图,加权图或非加权图,在使用分析算法时要考虑图的类型。

GDS 算法库并没有和 Neo4j 安装程序一起打包,需要另外安装。GDS 已经发展到 2.1 版本,与 Neo4j 版本的对应关系如表 6-1 所示,在安装之前要选择匹配的版本。本章所提供的例子是在 GDS v2.0 版本中运行的,Neo4j 的版本是 v4.4,Java 的版本是 v11。

表 6-1　GDS 版本与 Neo4j 版本对应关系

GDS 版本	Neo4j 版本	Java 版本
GDS 2.1	Neo4j 4.4	Java 11
	Neo4j 4.3	
GDS 2.0	Neo4j 4.4	
	Neo4j 4.3	
GDS 1.8	Neo4j 4.4	
	Neo4j 4.3	
	Neo4j 4.2	
	Neo4j 4.1	

GDS 版本	Neo4j 版本	Java 版本
GDS 1.7	Neo4j 4.3	Java 11
	Neo4j 4.2	
	Neo4j 4.1	
GDS 1.1	Neo4j 3.5	Java 1.8

GDS 算法库根据成熟程度分为 product 级、beta 级和 alpha 级三个级别,它们的含义如下。

- product 级:该级别的算法已经过稳定性和可扩展性方面的测试,算法以 gds.＜algorithm＞为前缀。
- beta 级:该级别的算法是 product 级的候选者,算法以 gds.beta.＜algorithm＞为前缀。
- alpha 级:该级别的算法是实验性的,可以随时更改或删除,算法以 gds.alpha.＜algorithm＞为前缀。

6.1.1 图结构可视化

在使用图分析算法前可以先查看当前图数据库的结构,此时可直接调用 Neo4j 提供的以下方法查看当前图数据库的结构。

➢ CALL db.schema.visualization

例 6-1 创建包括 6 个地点的交通网络图。

```
CREATE (a:Location {name: 'A'}), (b:Location {name: 'B'}), (c:Location {name: 'C'}),
       (d:Location {name: 'D'}), (e:Location {name: 'E'}), (f:Location {name: 'F'}),
       (a)-[:ROAD {cost: 50}]->(b), (a)-[:ROAD {cost: 50}]->(c),
       (a)-[:ROAD {cost: 100}]->(d), (b)-[:ROAD {cost: 40}]->(d),
       (c)-[:ROAD {cost: 40}]->(d), (c)-[:ROAD {cost: 80}]->(e),
       (d)-[:ROAD {cost: 30}]->(e), (d)-[:ROAD {cost: 80}]->(f),
       (e)-[:ROAD {cost: 40}]->(f);
```

上述语句执行之后得到图 6-1(a)所示的交通网络图,包含 6 个节点以及它们之间的连通关系。

例 6-2 查看上面构建的交通网络的图结构。

```
CALL db.schema.visualization
```

执行上述语句,将得到如图 6-1(b)所示的图结构,可以看到只有一个节点标签 Location,节点之间的关系是 ROAD 类型。

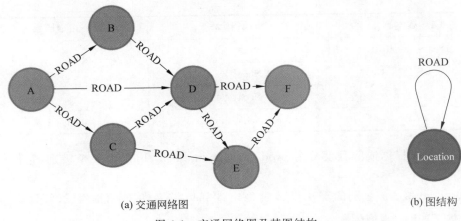

(a) 交通网络图　　　　　　　　　　　　　　　　　(b) 图结构

图 6-1　交通网络图及其图结构

6.1.2　命名图创建

为了尽可能高效地执行算法,GDS 将 Neo4j 的图数据加载到图目录中,并通过图投影 (graph project)来控制,在加载时还可以过滤不需要分析的节点、关系和属性。具体来讲, 根据 Neo4j 的节点、关系和属性创建一个具有名称的子图,称为命名图(named graph)。命 名图是图数据库相关的节点、关系和属性在内存中的一个投影(projected graph),并不存储 在图数据库中,而是存储在内存的堆上。此外,也可以创建匿名图,但不能重复使用。

命名图可以理解为 Neo4j 在内存中所创建的一个具有名称的子图,供图数据分析算法 使用。有两种方法可创建命名图:第一种是 Native 投影,该方法通过读取 Neo4j 存储文件 创建命名图,性能较高,在开发和生产阶段使用;第二种是 Cypher 投影,该方法更灵活、更 富有表现力,但对性能较少关注,在开发阶段使用。

使用 Native 投影方法创建命名图的语法为

> ➢ CALL gds.graph.project(graphName, node, relation, properties)。

参数如下。
- graphName:命名图的名称。
- node:创建命名图的节点。
- relation:创建命名图的关系。
- properties:创建命名图的属性。

使用 Cypher 投影方法创建命名图的语法为

> ➢ CALL
>   gds. graph. project. cypher (graphName, nodeQuery, relationshipQuery,
>   configuration)

参数如下。
- graphName:创建的命名图名称。

- nodeQuery：Cypher 节点查询语句,必须包含 id 列。
- relationshipQuery：Cypher 关系查询语句,必须包含源列和目标列。
- configuration：相关配置信息。

命名图的名称是唯一的,不允许在内存中创建重复的命名图。一旦创建,该命名图存储在图目录中,并可以被 GDS 的任何算法所使用,不必在每个算法运行时创建它。

例 6-3　根据例 6-1 的交通网络图在内存中使用 Native 投影方法创建命名图。

```
CALL gds.graph.project(
    'myGraph',                           //命名图的名称
    'Location',                          //命名图的节点标签
    'ROAD',                              //命名图的关系类型
    {
        relationshipProperties: 'cost'   //命名图的属性
    }
)
```

执行上述语句之后的结果如图 6-2 所示,将创建一个包括相关节点、关系和属性的命名图,该图驻留在内存中,调用图分析算法对其进行分析。

图 6-2　创建命名图

例 6-4　查看在内存中已经创建的命名图。

```
CALL gds.graph.list('myGraph')
```

执行上述语句将输出如图 6-3 所示的结果,从中可以查看详细的信息。

例 6-5　查看已创建的所有命名图。

```
CALL gds.graph.list()
```

上述语句将列出已经创建的所有命名图。此外,可以调用 exists()方法检查内存中是否存在指定的命名图。

例 6-6　检查命名图'myGraph'是否存在。

```
CALL gds.graph.exists('myGraph')
```

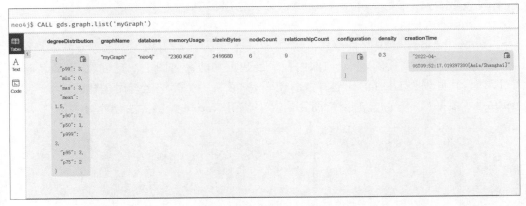

图 6-3　查看命名图信息

存储在内存中的图如果不再使用，可以调用 drop()方法予以删除，释放内存空间。

例 6-7　将上述命名图'myGraph'删除，释放内存。

```
CALL gds.graph.drop('myGraph');
```

分析算法也可以在匿名图上执行，匿名图在算法执行过程中被创建，执行完成后匿名图将不能再次使用。无论是命名图还是匿名图，都是相关节点和关系在内存中的投影。

6.1.3　内存资源估算

在执行图数据分析算法时，如果命名图的节点数量非常庞大，将占用非常大的堆内存，为了防止内存溢出，一般在正式调用图分析算法之前，需要估计执行相应算法所需要的内存空间，若当前配置能够满足所需要的内存，则可以执行分析。

估算图分析算法所需要的内存大小的语法：

```
➤ CALL gds.<algorithm>.<execution-mode>.estimate(
      graphNameOrConfig: String or Map, configuration: Map)
  YIELD
      nodeCount: Integer,
      relationshipCount: Integer,
      requiredMemory: String,
      treeView: String,
      mapView: Map,
      bytesMin: Integer,
      bytesMax: Integer,
      heapPercentageMin: Float,
      heapPercentageMax: Float
```

输入参数如下。

* graphNameOrConfig：指定命名图的名称或配置信息。

- configuration：指定算法的配置信息。

输出参数如下。

- nodeCount：节点数量。
- relationshipCount：关系数量。
- bytesMin：最小内存。
- bytesMax：最大内存。
- requiredMemory：需要的内存大小。

通过调用图数据分析算法的 estimate() 方法能够估算该算法所需要的内存大小，输出的结果包括节点数量、关系数量、需要的内存大小等信息。此外，可以通过 YIELD 语句指定需要输出的信息项。

例 6-8 估算利用最短路径 dijkstra 算法对命名图'myGraph'进行分析所需要的资源。

```
MATCH (source:Location {name: 'A'}), (target:Location {name: 'F'})
CALL gds.shortestPath.dijkstra.stream.estimate('myGraph', {
  sourceNode: source, targetNode: target, relationshipWeightProperty: 'cost'
})
YIELD nodeCount, relationshipCount, bytesMin, bytesMax, requiredMemory
RETURN nodeCount, relationshipCount, bytesMin, bytesMax, requiredMemory
```

执行上述语句将输出相关信息，如表 6-2 所示，执行该算法需要的内存为 912B。

表 6-2 例 6-8 执行结果

nodeCount	relationshipCout	bytesMin	bytesMax	requiredMemory
6	9	912B	912B	912B

例 6-9 估算利用 pageRank 算法对命名图'myGraph'进行分析所需要的内存大小。

```
CALL gds.pageRank.stream.estimate('myGraph', {
  maxIterations: 20,
  dampingFactor: 0.85
})
YIELD requiredMemory
```

那么，执行上述语句之后，将只输出 requiredMemory 一项信息。

6.1.4 算法执行模式

GDS 算法一般通过 CALL 语句调用，语法格式为

```
➤ CALL gds.<algo-name>.<mode>(
    graphName: String,
    configuration: Map
  )
```

参数如下。

- graphName：指定命名图或匿名图。
- configuration：指定分析算法的配置信息。

GDS 提供了以下 4 种分析算法执行模式。

（1）stream 模式：以记录流的形式返回算法的结果，不会对图数据库产生任何副作用。

（2）stats 模式：返回汇总统计信息的单个记录，但不写入图数据库。

（3）mutate 模式：将算法的分析结果写入内存中的图，并返回汇总统计信息的单个记录，该模式是为命名图变体设计的，因为其效果在匿名图上是不可见的。

（4）write 模式：该执行模式将算法执行的结果写入图数据库，并返回汇总统计信息的单个记录。

GDN 图分析算法的运行流程如图 6-4 所示，首先从 Neo4j 图数据库中提取相关节点和关系创建命名图（投影图），然后将命名图（投影图）装入内存，再通过图分析算法在内存中对命名图（投影图）进行分析，最后将分析结果可选择地存入 Neo4j 图数据库。本章后续内容以命名图和 stream 执行模式为例，讲述图分析算法的使用方法。

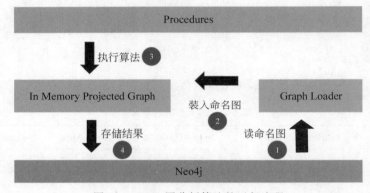

图 6-4　GDN 图分析算法的运行流程

6.2　路径查找算法

路径（Path）查找算法建立在图搜索算法基础之上，搜索节点之间的路由关系，从一个节点开始遍历关系直到目的节点，根据跳数或权重找到最短或代价最小的路径。权重可以是任何度量的参数，如时间、距离、容量或成本等。

6.2.1　Dijkstra Source-Target 算法

迪杰斯特拉（Dijkstra Source-Target）算法用来计算加权图中源（Source）节点到目标（Target）节点的最短路径，该算法支持具有正关系权重的加权图。

在命名图上以 stream 模式执行 Dijkstra Source-Target 算法的语法格式如下。

```
➢ CALL gds.shortestPath.dijkstra.stream(
      graphName: String,
```

```
    configuration: Map
) YIELD
    index: Integer,
    sourceNode: Integer,
    targetNode: Integer,
    totalCost: Float,
    nodeIds: List of Integer,
    costs: List of Float,
    path: Path
```

输入参数如下。

- graphName：在内存中创建的命名图。
- configuration：配置信息参数，具体包括以下 6 个。
    ✓ nodeLabels：节点标签，根据节点标签过滤命名图中的节点。
    ✓ relationshipTypes：关系类型，根据关系类型过滤命名图中的关系。
    ✓ concurrency：执行算法的线程数。
    ✓ sourceNode：开始节点的 ID 号。
    ✓ targetNode：结束节点的 ID 号。
    ✓ path：布尔值，若值为真，则结果包含一个路径对象。

输出参数如下。

- index：从 0 开始的路径序号。
- sourceNode：开始节点的 ID 号。
- targetNode：结束节点的 ID 号。
- totalCost：总成本。
- nodeIds：路径上的节点 ID 列表。
- costs：累加成本。
- path：路径对象。

例 6-10　在例 6-3 创建的命名图上，使用 Dijkstra Source-Target 算法计算从'A'节点到 'F'节点的最小成本路径。

```
MATCH (source:Location {name: 'A'}), (target:Location {name: 'F'})
CALL gds.shortestPath.dijkstra.stream('myGraph', {
  sourceNode: source, targetNode: target, relationshipWeightProperty: 'cost'
})
YIELD index, sourceNode, targetNode, totalCost, nodeIds, costs, path
RETURN index, gds.util.asNode(sourceNode).name AS sourceNodeName,
  gds.util.asNode(targetNode).name AS targetNodeName, totalCost,
  [nodeId IN nodeIds | gds.util.asNode(nodeId).name] AS nodeNames, costs
ORDER BY index
```

执行结果如表 6-3 所示，最小成本路径为{A,B,D,E,F}，成本为 160，nodeNames 给出了遍历的节点序列。

表 6-3　例 6-10 执行结果

index	sourceNodeName	targetNodeName	totalCost	nodeNames	costs
0	"A"	"F"	160.0	［"A"，"B"，"D"，"E"，"F"]	[0.0，50.0，90.0，120.0，160.0]

6.2.2　Dijkstra Single-Source 算法

Dijkstra Single-Source(迪杰斯特拉单源)算法能够计算指定节点到其他所有节点间的最短路径。与 Dijkstra Source-Target 算法不同的是,该算法只需指定一个源节点,不需要指定目标节点。

在命名图上以 stream 模式执行 Dijkstra Single-Source 算法的语法格式如下。

```
➤ CALL gds.allShortestPaths.dijkstra.stream(
      graphName: String,          //图名称
      configuration: Map          //配置参数
  ) YIELD
      index: Integer,
      sourceNode: Integer,
      targetNode: Integer,
      totalCost: Float,
      nodeIds: List of Integer,
      costs: List of Float,
      path: Path
```

输入参数如下。
- graphName：在内存中创建的命名图。
- configuration：配置信息参数,具体包括以下几个。
    √ nodeLabels：节点标签,根据节点标签过滤命名图中的节点。
    √ relationshipTypes：关系类型,根据关系类型过滤命名图中的关系。
    √ concurrency：执行算法的线程数。
    √ sourceNode：开始节点的 ID 号。
    √ path：布尔值,若值为真,则结果包含一个路径对象。

输出参数如下。
- Index：从 0 开始的路径序号。
- sourceNode：开始节点的 ID 号。
- targetNode：结束节点的 ID 号。
- totalCost：总成本。
- nodeIds：路径上的节点 ID 列表。
- costs：累加成本。
- path：路径对象。

例 6-11　在例 6-3 创建的命名图上,使用 Dijkstra Single-Source 算法计算从'A'到其他

所有节点之间的最短路径。

```
MATCH (source:Location {name: 'A'})
CALL gds.allShortestPaths.dijkstra.stream('myGraph', {
  sourceNode: source, relationshipWeightProperty: 'cost'
})
YIELD index, sourceNode, targetNode, totalCost, nodeIds, costs, path
RETURN index, gds.util.asNode(sourceNode).name AS sourceNodeName,
  gds.util.asNode(targetNode).name AS targetNodeName,totalCost,
  [nodeId IN nodeIds | gds.util.asNode(nodeId).name] AS nodeNames, costs
  ORDER BY index
```

执行结果如表 6-4 所示,可以看出该结果给出了源节点到其他所有节点的成本。

表 6-4　例 6-11 执行结果

index	sourceNodeName	targetNodeName	totalCost	nodeNames	costs
0	"A"	"A"	0.0	[A]	[0.0]
1	"A"	"B"	50.0	[A，B]	[0.0，50.0]
2	"A"	"C"	50.0	[A，C]	[0.0，50.0]
3	"A"	"D"	90.0	[A，B，D]	[0.0，50.0，90.0]
4	"A"	"E"	120.0	[A，B，D，E]	[0.0，50.0，90.0，120.0]
5	"A"	"F"	160.0	[A，B，D，E，F]	[0.0，50.0，90.0，120.0，160.0]

6.2.3　A* 算法

启发式最短路径 A* 算法使用启发式功能进行图遍历,支持具有正关系权重的加权图。A* 算法与 Dijkstra 的最短路径算法不同,下一个要搜索的节点并不仅仅是在已经计算出的距离上进行选择,而是将已经计算出的距离与启发式函数的结果结合在一起,将一个节点作为输入,并返回一个值,该值对应从该节点到达目标节点的成本。在每次迭代中,以最低的组合成本从当前节点继续进行图遍历。

GDS 的 A* 算法的启发式函数是 Haversine 距离,该公式根据给定的经度和纬度计算球面上两个点之间的距离,以海里(1 海里＝1.852 千米)计算。为了保证找到最佳解,即两点之间的最短路径,试探法必须是可接受的。为了被接受,函数不得高估到目标的距离,即路径的最低可能成本必须始终大于或等于启发式方法,这导致对输入图的关系权重的要求,关系权重必须表示两个节点之间的距离,并且理想情况下应缩放为海里。

在命名图上以 stream 模式调用 A* 算法的语法格式如下。

```
➢ CALL gds.shortestPath.astar.stream(
    graphName: String,
    configuration: Map
```

```
)YIELD
    index: Integer,
    sourceNode: Integer,
    targetNode: Integer,
    totalCost: Float,
    nodeIds: List of Integer,
    costs: List of Float
```

输入参数如下。

- graphName：图名称。
- configuration：算法配置参数。

输出参数如下。

- index：路径序号，从 0 开始的路径序号。
- sourceNode：源节点的 ID 号。
- targetNode：目标节点的 ID 号。
- totalCost：从源节点到目标节点的总成本。
- nodeIds：节点列表。
- costs：从源节点开始的累加成本。
- List of float：节点路径。

下面将展示在具体图上运行 A* 算法的示例。首先创建一个包含少数节点的小型传输网络图，该图表示站点的传输网络，每个站点都有一个由纬度和经度属性表示的地理坐标，使用 distance 属性作为关系权重，它代表站点之间的距离（以千米为单位）。该算法将根据已行进的距离和到目标站点的距离搜索下一个节点。

例 6-12　创建一个包括 5 个节点的地理位置图（见图 6-5）。

```
CREATE (a:Station {name: 'Kings Cross', latitude: 51.5308, longitude: -0.1238}),
    (b:Station {name: 'Euston', latitude: 51.5282, longitude: -0.1337}),
    (c:Station {name: 'Camden Town', latitude: 51.5392, longitude: -0.1426}),
    (d:Station {name: 'Mornington Crescent', latitude: 51.5342, longitude: -0.
    1387}),
    (e:Station {name: 'Kentish Town', latitude: 51.5507, longitude: -0.1402}),
    (a)-[:CONNECTION {distance: 0.7}]->(b), (b)-[:CONNECTION {distance: 1.3}]-
    >(c),
    (b)-[:CONNECTION {distance: 0.7}]->(d), (d)-[:CONNECTION {distance: 0.6}]-
    >(c),
    (c)-[:CONNECTION {distance: 1.3}]->(e)
```

例 6-13　根据例 6-12 的图数据创建命名图。

```
CALL gds.graph.project(
    'myGraph2', 'Station', 'CONNECTION',
    {
        nodeProperties:['latitude', 'longitude'],
```

```
            relationshipProperties: 'distance'
    }
)
```

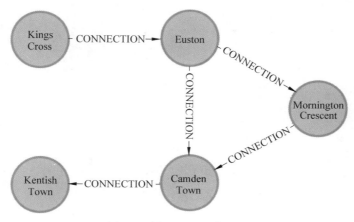

图 6-5　例 6-12 地理位置图

例 6-14　在例 6-13 所创建的命名图上估算执行 A* 算法所需要的内存空间。

```
MATCH (source:Station {name: 'Kings Cross'}), (target:Station {name: 'Kentish
Town'})
CALL gds.shortestPath.astar.write.estimate('myGraph2', {
    sourceNode: source,
    targetNode: target,
    latitudeProperty: 'latitude',
    longitudeProperty: 'longitude',
    writeRelationshipType: 'PATH'
})
YIELD nodeCount, relationshipCount, bytesMin, bytesMax, requiredMemory
RETURN nodeCount, relationshipCount, bytesMin, bytesMax, requiredMemory
```

输出结果如表 6-5 所示。

表 6-5　例 6-14 执行结果

nodeCount	relationlishipCount	bytesMin	bytesMax	requiredMemory
6	9	1352B	1352B	1352B

例 6-15　在例 6-13 所创建的命名图上,使用 A* 算法计算源节点'Kings Cross'到目标节点'Kentish Town'的最短路径。

```
MATCH (source:Station {name: 'Kings Cross'}), (target:Station {name: 'Kentish
Town'})
```

```
CALL gds.shortestPath.astar.stream('myGraph2', {
    sourceNode: source,
    targetNode: target,
    latitudeProperty: 'latitude',
    longitudeProperty: 'longitude',
    relationshipWeightProperty: 'distance'
})
YIELD index, sourceNode, targetNode, totalCost, nodeIds, costs, path
RETURN
    index,
    gds.util.asNode(sourceNode).name AS sourceNodeName,
    gds.util.asNode(targetNode).name AS targetNodeName,
    totalCost,
    [nodeId IN nodeIds | gds.util.asNode(nodeId).name] AS nodeNames,
    costs
ORDER BY index
```

执行结果如表 6-6 所示，源节点到目标节点的总成本为 3.3。表 6-6 还给出了实际遍历路径以及每个步骤产生的累加成本。

表 6-6　例 6-15 执行结果

index	sourceNodeName	targetNodeName	totalCost	nodeNames	costs
0	"Kings Cross"	"Kentish Town"	3.3	["Kings Cross", "Euston", "Camden Town", "Kentish Town"]	[0.0, 0.7, 2.0, 3.3]

6.2.4　Yen's 算法

最短路径 Yen's 算法用于计算两个节点间的多条最短路径，支持具有正权重的加权图，通常被称为 Yen 的 k 条最短路径算法，其中 k 是要计算的最短路径数。在计算多条最短路径时，它还考虑了两个相同节点之间的并行关系。当 $k=1$ 时，该算法与 Dijkstra 的最短路径算法完全相同。当 $k=2$ 时，算法返回头节点和目标节点之间的最短路径和第二短路径。以此类推，当 $k=n$ 时，该算法最多发现 n 条路径，这些路径按所需代价从低到高被发现。

在命名图上以 stream 模式调用 Yen's 算法的语法格式如下。

```
➤ CALL gds.shortestPath.yens.stream(
    graphName: String,
    configuration: Map
  ) YIELD
    index: Integer,
    sourceNode: Integer,
    targetNode: Integer,
    totalCost: Float,
```

```
nodeIds: List of Integer,
costs: List of Float,
```

输入参数如下。

- graphName：图名称。
- configuration：算法配置参数。
  - √ nodeLabels：节点标签,根据节点标签过滤命名图中的节点。
  - √ relationshipTypes：关系类型,根据关系类型过滤命名图中的关系。
  - √ concurrency：执行算法的线程数。
  - √ sourceNode：开始节点的 ID 号。
  - √ targetNode：目标节点的 ID 号。
  - √ k：最短路径数。
  - √ path：布尔值,若值为真,则结果包含一个路径对象。

输出参数如下。

- index：路径序号,从 0 开始的路径序号。
- sourceNode：源节点的 ID 号。
- targetNode：目标节点的 ID 号。
- totalCost：从源节点到目标节点的总成本。
- nodeIds：节点列表。
- costs：从源节点开始的累加成本。

下面将展示运行 Yen's 算法的例子。首先创建一个小的传输网络图(见图 6-6),它由几个节点以特定的模式连接起来。

```
CREATE (a:Location {name: 'A'}), (b:Location {name: 'B'}), (c:Location {name: 'C'}),
    (d:Location {name: 'D'}), (e:Location {name: 'E'}), (f:Location {name: 'F'}),
    (a)-[:ROAD {cost: 50}]->(b), (a)-[:ROAD {cost: 50}]->(c),
    (a)-[:ROAD {cost: 100}]->(d), (b)-[:ROAD {cost: 40}]->(d),
    (c)-[:ROAD {cost: 40}]->(d), (c)-[:ROAD {cost: 80}]->(e),
    (d)-[:ROAD {cost: 30}]->(e), (d)-[:ROAD {cost: 80}]->(f),
    (e)-[:ROAD {cost: 40}]->(f);
```

例 6-16　根据上述的传输网络图数据在内存中创建命名图。

```
CALL gds.graph.project(
    'myGraph3','Location', 'ROAD',
    {relationshipProperties: 'cost'}
)
```

例 6-17　在例 6-16 所创建的命名图上,估计执行 Yen's 算法所需要的内存空间。

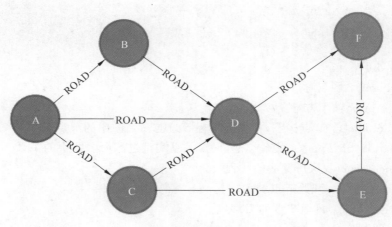

图 6-6　传输网络图

```
MATCH (source:Location {name: 'A'}), (target:Location {name: 'F'})
CALL gds.shortestPath.yens.write.estimate('myGraph3', {
    sourceNode: source,
    targetNode: target,
    k: 3,
    relationshipWeightProperty: 'cost',
    writeRelationshipType: 'PATH'
})
YIELD nodeCount, relationshipCount, bytesMin, bytesMax, requiredMemory
RETURN nodeCount, relationshipCount, bytesMin, bytesMax, requiredMemory
```

输出结果如表 6-7 所示,需要的内存大小是 1272B。

表 6-7　例 6-17 执行结果

nodeCount	relationshipCount	bytesMin	bytesMax	requiredMemory
6	9	1272B	1272B	1272B

例 6-18　在例 6-16 所创建的命名图上,以 stream 模式执行 Yen's 算法,计算源节点'A' 到目标节点'F'的 3 条最短路径。

```
MATCH (source:Location {name: 'A'}), (target:Location {name: 'F'})
CALL gds.shortestPath.yens.stream('myGraph3', {
    sourceNode: source,
    targetNode: target,
    k: 3,
    relationshipWeightProperty: 'cost'
})
YIELD index, sourceNode, targetNode, totalCost, nodeIds, costs, path
RETURN
    index,
```

```
    gds.util.asNode(sourceNode).name AS sourceNodeName,
    gds.util.asNode(targetNode).name AS targetNodeName,
    totalCost,
    [nodeId IN nodeIds | gds.util.asNode(nodeId).name] AS nodeNames,
    costs
ORDER BY index
```

执行结果如表 6-8 所示,共输出 3 条路径,并给出了每条路径的总成本、路径和累加成本。

表 6-8 例 6-18 执行结果

index	sourceNodeName	targetNodeName	totalCost	nodeNames	costs
0	"A"	"F"	160.0	[A, B, D, E, F]	[0.0, 50.0, 90.0, 120.0, 160.0]
1	"A"	"F"	160.0	[A, C, D, E, F]	[0.0, 50.0, 90.0, 120.0, 160.0]
2	"A"	"F"	170.0	[A, B, D, F]	[0.0, 50.0, 90.0, 170.0]

6.3 中心度算法

中心度(Centrality)算法用于刻画图中节点的重要性,一个节点的中心度值越大,意味着该节点在图中就越重要。

6.3.1 PageRank 算法

PageRank 算法根据传入关系的数量和相应源节点的重要性测量图中每个节点的重要性。粗略地说,基本假设是页面仅与链接的页面一样重要。PageRank 算法在最初的 Google 论文中被介绍为求解下列方程的函数:

$$PR(A) = (1-d) + d\left(\frac{PR(T_1)}{C(T_1)} + \frac{PR(T_2)}{C(T_2)} + \cdots + \frac{PR(T_n)}{C(T_n)}\right)$$

其中指向页面 A 的页面为 $T_1 \sim T_n$;d 是阻尼系数,可以在 0(含)和 1(不含)之间设置,通常设置为 0.85;$C(A)$ 定义为离开页面 A 的链接数。该函数用于迭代地更新候选解,并得出该方程的近似解。

使用 PageRank 算法时,需要注意一些事项:①若没有页面组内到该组外的链接,则该组被视为蜘蛛陷阱;②当页面网络形成无限循环时,会发生等级可能下降;③当页面没有出站链接时,就会出现死胡同,如果一个页面包含指向另一个没有出站链接的链接,则该链接称为悬空链接;④阻尼系数的值越大,表示用户通过网页中的链接浏览下一个网页的可能性越大;阻尼系数的值越小,表示用户新开一个窗口随机访问其他网页的可能性越大,经验值一般为 0.85。

在命名图上以 stream 模式执行 PageRank 算法的语法格式如下。

```
➤ CALL gds.pageRank.stream(
      graphName: String,
      configuration: Map
  )YIELD
      nodeId: Integer,
      score: Float
```

输入参数如下。

- graphName：图名称。
- configuration：算法配置参数。

输出参数如下。

- nodeId：节点的 ID 号。
- score：节点分数。

例 6-19 创建网站链接关系图。

```
CREATE
    (home:Page {name:'Home'}),              (about:Page {name:'About'}),
    (product:Page {name:'Product'}),        (links:Page {name:'Links'}),
    (a:Page {name:'Site A'}),               (b:Page {name:'Site B'}),
    (c:Page {name:'Site C'}),               (d:Page {name:'Site D'}),
    (home)-[:LINKS {weight: 0.2}]->(about), (home)-[:LINKS {weight: 0.2}]->(links),
    (home)-[:LINKS {weight: 0.6}]->(product),  (about)-[:LINKS {weight: 1.0}]->(home),
    (product)-[:LINKS {weight: 1.0}]->(home),  (a)-[:LINKS {weight: 1.0}]->(home),
    (b)-[:LINKS {weight: 1.0}]->(home),     (c)-[:LINKS {weight: 1.0}]->(home),
    (d)-[:LINKS {weight: 1.0}]->(home),     (links)-[:LINKS {weight: 0.8}]->(home),
    (links)-[:LINKS {weight: 0.05}]->(a),   (links)-[:LINKS {weight: 0.05}]->(b),
    (links)-[:LINKS {weight: 0.05}]->(c),   (links)-[:LINKS {weight: 0.05}]->(d);
```

以上语句的执行结果如图 6-7 所示。

图 6-7 表示 8 个页面彼此链接，每个关系都有一个称为权重的属性，它描述了关系的重要性。

例 6-20 根据网站链接关系图在内存中创建命名图。

```
CALL gds.graph.project(
  'myGraph5', 'Page', 'LINKS',
  {relationshipProperties: 'weight'}
)
```

例 6-21 在例 6-20 创建的命名图上，以 stream 模式执行 PageRank 算法计算每个节点的中心度。

```
CALL gds.pageRank.stream('myGraph5')
  YIELD nodeId, score
  RETURN gds.util.asNode(nodeId).name AS name, score
  ORDER BY score DESC, name ASC
```

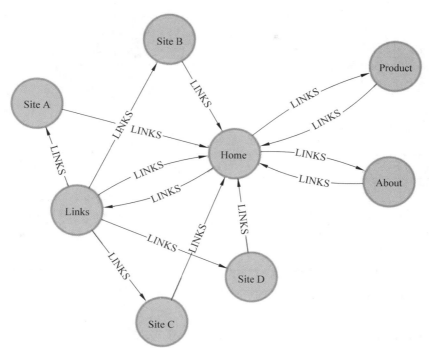

图 6-7　网站链接关系图

执行结果如表 6-9 所示,该表给出了每个节点的中心度得分。

表 6-9　例 6-21 执行结果

name	score	name	score
"Home"	3.215681999884452	"Site A"	0.3278578964488539
"About"	1.0542700552146724	"Site B"	0.3278578964488539
"Links"	1.0542700552146724	"Site C"	0.3278578964488539
"Product"	1.0542700552146724	"Site D"	0.3278578964488539

默认情况下,PageRank 算法未考虑加权的情况。如果要考虑加权情况,可以使用 RelationshipWeightProperty 参数进行配置。此种情况下,将节点发送给其邻居的先前分数乘以关系权重,然后除以其传出关系的权重之和。如果关系属性的值为负,则在计算过程中将忽略它。

例 6-22　在例 6-20 创建的命名图上,以 stream 模式执行 PageRank 算法计算每个节点的中心度,考虑关系权重。

```
CALL gds.pageRank.stream('myGraph5', {
  maxIterations: 20,
  dampingFactor: 0.85,
  relationshipWeightProperty: 'weight'
```

```
})

YIELD nodeId, score
RETURN gds.util.asNode(nodeId).name AS name, score
ORDER BY score DESC, name ASC
```

执行结果如表 6-10 所示。

表 6-10　例 6-22 执行结果

name	score	name	score
"Home"	3.53751028839633907	"Site A"	0.18152677135466103
"Product"	1.93578382916511	"Site B"	0.18152677135466103
"About"	0.7452612763883699	"Site C"	0.18152677135466103
"Links"	0.7452612763883699	"Site D"	0.18152677135466103

约束(tolerance)参数表示迭代之间分数的最小变化,若所有分数的变化小于该约束值,则算法将返回。

例 6-23　在例 6-20 创建的命名图上,以 stream 模式执行 PageRank 算法计算每个节点的中心度,并设置较大的约束值。

```
CALL gds.pageRank.stream('myGraph5', {
    maxIterations: 20,
    dampingFactor: 0.85,
    tolerance: 0.1
})

YIELD nodeId, score
RETURN gds.util.asNode(nodeId).name AS name, score
ORDER BY score DESC, name ASC
```

执行结果如表 6-11 所示。

表 6-11　例 6-23 执行结果

name	score	name	score
"Home"	2.8504481718642634	"Site A"	0.30351586283650245
"About"	0.9325181037187577	"Site B"	0.30351586283650245
"Links"	0.9325181037187577	"Site C"	0.30351586283650245
"Product"	0.9325181037187577	"Site D"	0.30351586283650245

阻尼系数(dampionFactor)接受介于 0(含)和 1(不含)的值,默认值为 0.85。若值太大,则可能出现接收器和蜘蛛陷阱的问题,并且该值可能会振荡,从而算法无法收敛。若值太小,则所有分数都减少至 1,结果将无法充分反映出图的结构。

例 6-24 在例 6-20 创建的命名图上，以 stream 模式执行 PageRank 算法计算每个节点的中心度，并设置较小的阻尼系数。

```
CALL gds.pageRank.stream('myGraph5', {
  maxIterations: 20,
  dampingFactor: 0.05
})

  YIELD nodeId, score
  RETURN gds.util.asNode(nodeId).name AS name, score
  ORDER BY score DESC, name ASC
```

执行结果如表 6-12 所示：

表 6-12　例 6-24 执行结果

name	score	name	score
"Home"	1.2487309578806898	"Site A"	0.9597081215046243
"About"	0.9708121816863439	"Site B"	0.9597081215046243
"Links"	0.9708121816863439	"Site C"	0.9597081215046243
"Product"	0.9708121816863439	"Site D"	0.9597081215046243

个性化 PageRank 是 PageRank 的一种变体，偏向一组指定的开始节点，通常用作推荐系统的一部分。

例 6-25 以"站点 A"为开始节点，执行 PageRank 算法计算每个节点的中心度，并指定开始节点。

```
MATCH (siteA:Page {name: 'Site A'})
CALL gds.pageRank.stream('myGraph5', {
  maxIterations: 20,
  dampingFactor: 0.85,
  sourceNodes: [siteA]
})

YIELD nodeId, score
RETURN gds.util.asNode(nodeId).name AS name, score
ORDER BY score DESC, name ASC
```

执行结果如表 6-13 所示，各个节点的中心度发生了变化。

表 6-13　例 6-25 执行结果

name	score	name	score
"Home"	0.4015879064354522	"About"	0.11305649114656262
"Site A"	0.1690742583792599	"Links"	0.11305649114656262

续表

name	score	name	score
"Product"	0.11305649114656262	"Site C"	0.019074258379259846
"Site B"	0.019074258379259846	"Site D"	0.019074258379259846

6.3.2 Article Rank 算法

论文排名(Article Rank)算法是 Page Rank 算法的一个变体,它考虑了节点的传递性或连接性带来的影响。Page Rank 算法假定来自具有较低输出度的节点的关系比来自具有较高输出度的节点的关系更重要,而 Article Rank 算法则削弱了这一假设。

节点 v 在第 i 次迭代的 Article Rank 值定义为

$$\text{ArticleRank}_i(V) = (1-d) + d \sum_{w \in N_{\text{in}}(v)} \frac{\text{ArticleRank}_{i-1}(w)}{|N_{\text{out}}(w)| + N_{\text{out}}}$$

- $N_{\text{in}}(v)$ 表示指向该节点的邻居节点。
- $N_{\text{out}}(v)$ 表示指向其他节点的邻居节点。
- d 是阻尼系统,取值在 $[0, 1]$。
- N_{out} 是节点的平均出度。

在命名图上以 stream 模式调用 Article Rank 算法的语法格式如下。

```
➢ CALL gds.articleRank.stream(
      graphName: String,
      configuration: Map
  ) YIELD
      nodeId: Integer,
      score: Float
```

输入参数如下。

- graphName:图名称。
- configuration:算法配置参数。

输出参数如下。

- nodeId:节点的 ID 号。
- score:节点分数。

下面将展示执行 Article Rank 算法的示例,为使用该算法提供指导,采用的案例与 6.3.1 节的小型网络图相同。

例 6-26 在例 6-20 的命名图上,以 stream 模式执行 Article Rank 算法计算节点的中心度。

```
CALL gds.articleRank.stream('myGraph5')
YIELD nodeId, score
RETURN gds.util.asNode(nodeId).name AS name, score
ORDER BY score DESC, name ASC
```

执行结果如表 6-14 所示,每个节点都有一个分数,可以对结果进行排序,以找到具有最高特征向量得分的节点。

表 6-14 例 6-26 执行结果

name	score	name	score
"Home"	0.5607071761939444	"Site A"	0.18152391630760797
"About"	0.250337073634706	"Site B"	0.18152391630760797
"Links"	0.250337073634706	"Site C"	0.18152391630760797
"Product"	0.250337073634706	"Site D"	0.18152391630760797

与 Page Rank 算法类似,Article Rank 算法也可以使用加权情况。在下面这个示例中,使用输入图的权重属性作为关系权重属性。

例 6-27 在例 6-20 的命名图上,以 stream 模式执行 Article Rank 算法,采用加权参数。

```
CALL gds.articleRank.stream('myGraph5', {
  relationshipWeightProperty: 'weight'
})

YIELD nodeId, score
RETURN gds.util.asNode(nodeId).name AS name, score
ORDER BY score DESC, name ASC
```

执行结果如表 6-15 所示,与例 6-22 的结果相比,与未加权示例一样,Home 节点的得分最高,但 Product 节点的得分是第四高,而不是第二高。

表 6-15 例 6-27 执行结果

name	score	name	score
"Home"	0.51608107262221141	"Site A"	0.15281123078335393
"About"	0.24570958074084706	"Site B"	0.15281123078335393
"Links"	0.1819031935802824	"Site C"	0.15281123078335393
"Product"	0.1819031935802824	"Site D"	0.15281123078335393

6.3.3 Betweenness Centrality 算法

中介中心度(Betweenness Centrality)算法是一种检测节点对图中信息流的影响程度的算法,经常被用来寻找从一个图的一部分到另一部分经过的关键节点。该算法计算图中所有节点对之间的无权最短路径,每个节点根据通过节点的最短路径数获得一个分数,更频繁地出现在其他节点之间的最短路径上的节点将具有更高的中心度分数。由于其空间复杂度为 $O(n+m)$,时间复杂度为 $O(n*m)$,其中 n 是图中的节点数,m 是关系数,因而非常耗费资源,对于大型图,这可能导致很长的运行时间。因而,在运行此算法之前,建议先估算所需要的内存大小。

在命名图上以 stream 模式调用 Betweenness Centrality 算法的语法格式如下。

```
➤ CALL gds.betweenness.stream(
    graphName: String,
    configuration: Map
  )YIELD
    nodeId: Integer,
    score: Float
```

输入参数如下。

- graphName：图名称。
- configuration：算法配置参数。
  - √ nodeLabels：根据给定的节点标签筛选命名图。
  - √ relationshipTypes：根据给定的关系类型筛选命名图。
  - √ concurrency：执行算法的线程数。
  - √ samplingSize：计算分数时考虑的源节点数。
  - √ samplingSeed：选择开始节点的随机数生成器的种子值。

输出参数如下。

- nodeId：节点的 ID 号。
- score：节点分数。

例 6-28 创建人物关系图（见图 6-8）。

```
CREATE
  (alice:User {name: 'Alice'}), (bob:User {name: 'Bob'}), (carol:User {name: '
Carol'}),
  (dan:User {name: 'Dan'}), (eve:User {name: 'Eve'}), (frank:User {name: 'Frank
'}),
  (gale:User {name: 'Gale'}),
  (alice)-[:FOLLOWS]->(carol), (bob)-[:FOLLOWS]->(carol),
  (carol)-[:FOLLOWS]->(dan), (carol)-[:FOLLOWS]->(eve),
  (dan)-[:FOLLOWS]->(frank), (eve)-[:FOLLOWS]->(frank),
  (frank)-[:FOLLOWS]->(gale);
```

例 6-29 根据例 6-28 的人物关系图在内存中创建命名图。

```
CALL gds.graph.project('myGraph6', 'User', 'FOLLOWS')
```

例 6-30 使用例 6-29 的命名图，估计 Betweenness Centrality 算法所需的内存空间。

```
CALL gds.betweenness.write.estimate('myGraph6', { writeProperty: 'betweenness
' })
YIELD nodeCount, relationshipCount, bytesMin, bytesMax, requiredMemory
```

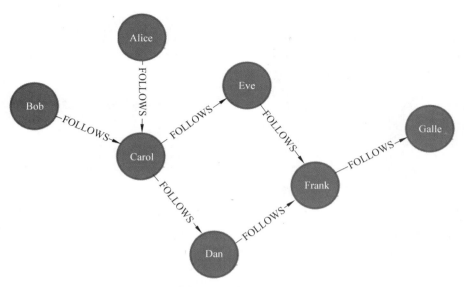

图 6-8　人物关系图

执行结果如表 6-16 所示。

表 6-16　例 6-30 执行结果

nodeCount	relationshipCount	bytesMin	bytesMax	requiredMemory
7	7	2912B	2912B	2912B

例 6-31　在例 6-29 的命名图上,以 stream 模式执行 Betweenness Centrality 算法计算节点中介中心度。

```
CALL gds.betweenness.stream('myGraph6')
YIELD nodeId, score
RETURN gds.util.asNode(nodeId).name AS name, score
ORDER BY name ASC
```

执行结果如表 6-17 所示,算法返回每个节点的中心度,能够无副作用地直接检查结果。

表 6-17　例 6-31 执行结果

name	score	name	score
"Alice"	0.0	"Eve"	3.0
"Bob"	0.0	"Frank"	5.0
"Carol"	8.0	"Gale"	0.0
"Dan"	3.0		

Betweenness Centrality 算法可能需要大量的资源。为了解决这一问题,可以使用采样

技术,配置参数 samplingSize 和 samplingSeed 用于控制采样。在下面的示例中,采用大小为 2 的 samplingSize 说明,种子值是任意整数。

例 6-32 在例 6-29 的命名图上,以 stream 模式执行 Betweenness Centrality 算法计算节点的中介中心度,设置采样数。

```
CALL gds.betweenness.stream('myGraph6', {samplingSize: 2, samplingSeed: 0})
YIELD nodeId, score
RETURN gds.util.asNode(nodeId).name AS name, score
ORDER BY name ASC
```

执行结果如表 6-18 所示,可以看到 Carol 节点的得分最高,其次是 Dan、Eve 和 Frank 节点。我们只从两个节点进行采样,其中一个节点被选中,进行采样的概率与其输出度成正比。Carol 节点的度数最大,最有可能被选中。Gale 节点的输出度为零,并且不太可能被选中,其他节点都有相同的概率被选中。

表 6-18 例 6-32 执行结果

name	score	name	score
"Alice"	0.0	"Eve"	2.0
"Bob"	0.0	"Frank"	2.0
"Carol"	4.0	"Gale"	0.0
"Dan"	2.0		

上例中选择的采样种子(samplingSeed)为 0,我们似乎选择了 Alice 和 Bob 节点以及 Carol 节点。可以看到,因为 Alice 和 Bob 中的任何一个节点都会给 Carol 节点的分数加 4,而 Alice、Bob 和 Carol 中的每一个节点都会给 Dan、Eve 和 Frank 节点的分数加 1。此外,为了提高近似的准确性,可以增加采样大小。事实上,将 samplingSize 设置为图的节点数(在上述例子中为 7)会产生更准确的结果。

Betweenness Centrality 算法也可以在无向图上运行,下面先创建一个无向的命名图。

例 6-33 创建无向的命名图。

```
CALL gds.graph.project('myUndirectedGraph', 'User', {FOLLOWS: {orientation: 'UNDIRECTED'}})
```

例 6-34 在例 6-33 的命名图上,以 stream 模式执行 Betweenness Centrality 算法。

```
CALL gds.betweenness.stream('myUndirectedGraph')
YIELD nodeId, score
RETURN gds.util.asNode(nodeId).name AS name, score
ORDER BY name ASC
```

执行结果如表 6-19 所示,中心节点现在的分数略高,因为图中有更多的最短路径,并且这些路径更有可能通过中心节点。Dan 和 Eve 节点具有与有向图中相同的分数。

表 6-19　例 6-34 执行结果

name	score	name	score
"Alice"	0.0	"Eve"	3.0
"Bob"	0.0	"Frank"	5.5
"Carol"	9.5	"Gale"	0.0
"Dan"	3.0		

6.4　社区发现算法

社区(community)是指图中内部连接比较紧密的节点集合构成的子图。如果各个社区彼此没有交集,则称为非重叠型(disjoint)社区;如果各个社区彼此存在交集,则称为重叠型(overlapping)社区。图中包含多个社区的现象称为社区结构,社区结构是网络中的一个普遍特征。从图中找出社区结构的过程叫作社区发现(community detection),现实生活中存在着各种各样的社区,如科研社区、演员社区、城市交通社区等。

6.4.1　Louvain 算法

Louvain 算法是一种用于大规模网络的社区发现算法,它最大化每个社区的模块度评分,以量化节点向社区分配质量,这意味着与社区在随机网络中的连接程度相比,要评估的社区中节点的连接密度更高。Louvain 算法属于分层聚类算法,它将社区递归合并到单个节点中,并在压缩图上执行模块化聚类。

在命名图上以 stream 模式执行 Louvain 算法的语法格式如下。

```
➢ CALL gds.louvain.stream(
    graphName: String,
    configuration: Map
  ) YIELD
    nodeId: Integer,
    communityId: Integer,
    intermediateCommunityIds: List of Integer
```

输入参数如下。
- graphName:图名称。
- configuration:算法配置参数。

输出参数如下。
- nodeId:节点的 ID。
- intermediateCommunityIds:每层中的社区 ID,如果 includeIntermediateCommunities 为 False,则值为 NULL。
- communityId:社区最终 ID。

下面将展示运行 Louvain 社区检测算法的示例。先创建一个小型社交网络。

例 6-35   在 Neo4j 数据库中创建人物关系网络。

```
CREATE
  (nAlice:User {name: 'Alice', seed: 42}),   (nBridget:User {name: 'Bridget',
  seed: 42}),
  (nCharles:User {name: 'Charles', seed: 42}),   (nDoug:User {name: 'Doug'}),
  (nMark:User {name: 'Mark'}),    (nMichael:User {name: 'Michael'}),
  (nAlice)-[:LINK {weight: 1}]->(nBridget),   (nAlice)-[:LINK {weight: 1}]->
  (nCharles),
  (nCharles)-[:LINK {weight: 1}]->(nBridget),   (nAlice)-[:LINK {weight: 5}]->
  (nDoug),
  (nMark)-[:LINK {weight: 1}]->(nDoug),    (nMark)-[:LINK {weight: 1}]->
  (nMichael),
  (nMichael)-[:LINK {weight: 1}]->(nMark);
```

执行以上语句后将创建以下人物关系网络(见图 6-9),该网络具有两个紧密相连的 Users 簇,在这些簇之间有一个单边,连接节点的关系具有 weight 属性确定的权重。

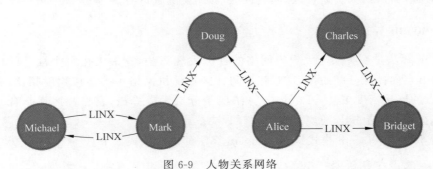

图 6-9   人物关系网络

例 6-36   创建例 6-35 所示人物关系网络的命名图,并将其存储在图目录中。

```
CALL gds.graph.project(
  'myGraph7',
  'User',
  { LINK: {orientation: 'UNDIRECTED'}},
  {nodeProperties: 'seed', relationshipProperties: 'weight'}
)
```

以下示例将在此命名图上演示使用 Louvain 算法。

例 6-37   在例 6-36 的命名图上,估算执行 Louvain 算法所需要的内存大小。

```
CALL gds.louvain.write.estimate('myGraph7', { writeProperty: 'community' })
YIELD nodeCount, relationshipCount, bytesMin, bytesMax, requiredMemory
```

执行结果如表 6-20 所示。

表 6-20　例 6-37 执行结果

nodeCount	relationshipCount	bytesMin	bytesMax	requiredMemory
6	14	5321B	580096B	"[5321B... 566 KB]"

例 6-38　在例 6-36 的命名图上,以 stream 模式执行 Louvain 算法进行社区发现。

```
CALL gds.louvain.stream('myGraph7')
YIELD nodeId, communityId, intermediateCommunityIds
RETURN gds.util.asNode(nodeId).name AS name, communityId, intermediateCommunityIds
ORDER BY name ASC
```

执行结果如表 6-21 所示,在此使用过程配置参数的默认值,Levels 和 innerIterations 设置为 10,容差值为 0.0001。因为没有将 includeIntermediateCommunities 的值设置为 True,所以中间社区始终为空。

表 6-21　例 6-38 执行结果

name	communityId	intermediateCommunityIds
"Alice"	2	NULL
"Bridget"	2	NULL
"Charles"	2	NULL
"Doug"	5	NULL
"Mark"	5	NULL
"Michael"	5	NULL

Louvain 算法也可以在加权图上运行,在计算模块度时考虑给定的关系权重。

例 6-39　在例 6-36 的命名图上,以 stream 模式在加权图上执行 Louvain 算法。

```
CALL gds.louvain.stream('myGraph7', { relationshipWeightProperty: 'weight' })
YIELD nodeId, communityId, intermediateCommunityIds
RETURN gds. util. asNode ( nodeId ). name AS name,
communityId, intermediateCommunityIds
ORDER BY name ASC
```

执行结果如表 6-22 所示,使用加权关系可以看到 Alice 和 Doug 建立了自己的社区,因为它们之间的联系比其他所有联系都强烈。

表 6-22　例 6-39 执行结果

name	communityId	intermediateCommunityIds
"Alice"	3	NULL
"Bridget"	2	NULL
"Charles"	2	NULL

续表

name	communityId	intermediateCommunityIds
"Doug"	3	NULL
"Mark"	5	NULL
"Michael"	5	NULL

此外,还可以为 Louvain 算法提供种子属性,为加载的节点的子集提供初始社区映射,算法将尝试保留种子社区的 ID。

例 6-40 在例 6-36 的命名图上,为 Louvain 算法提供种子属性实现社区划分。

```
CALL gds.louvain.stream('myGraph7', { seedProperty: 'seed' })
YIELD nodeId, communityId, intermediateCommunityIds
RETURN gds.util.asNode(nodeId).name AS name, communityId, intermediateCommunityIds
ORDER BY name ASC
```

执行结果如表 6-23 所示。可以看到周围的社区 Alice 保留了其初始社区 ID(42)。另一个社区被分配了一个新的社区 ID,该 ID 大于原始的最大社区 ID。注意,consecutiveIds 配置选项不能与播种结合使用,以保留播种值。

表 6-23 例 6-40 执行结果

name	communityId	intermediateCommunityIds
"Alice"	42	NULL
"Bridget"	42	NULL
"Charles"	42	NULL
"Doug"	47	NULL
"Mark"	47	NULL
"Michael"	47	NULL

如前所述,Louvain 是一种层次聚类算法,这意味着在每个聚类之后,属于同一社区的所有节点都会减少为单个节点。同一社区的节点之间的关系称为自关系,与其他社区的节点的关系连接到社区代表。然后使用此压缩图运行下一个级别的聚类,重复该过程,直到社区稳定为止。

例 6-41 构建一个包含较多节点的关系网络(见图 6-10)。

```
CREATE (a:Node {name: 'a'}), (b:Node {name: 'b'}), (c:Node {name: 'c'}),
       (d:Node {name: 'd'}), (e:Node {name: 'e'}), (f:Node {name: 'f'}),
       (g:Node {name: 'g'}), (h:Node {name: 'h'}), (i:Node {name: 'i'}),
       (j:Node {name: 'j'}), (k:Node {name: 'k'}), (l:Node {name: 'l'}),
       (m:Node {name: 'm'}), (n:Node {name: 'n'}), (x:Node {name: 'x'}),
       (a)-[:TYPE]->(b), (a)-[:TYPE]->(d), (a)-[:TYPE]->(f),
       (b)-[:TYPE]->(d), (b)-[:TYPE]->(x), (b)-[:TYPE]->(g),
```

```
(b)-[:TYPE]->(e), (c)-[:TYPE]->(x), (c)-[:TYPE]->(f),
(d)-[:TYPE]->(k), (e)-[:TYPE]->(x), (e)-[:TYPE]->(f),
(e)-[:TYPE]->(h), (f)-[:TYPE]->(g), (g)-[:TYPE]->(h),
(h)-[:TYPE]->(i), (h)-[:TYPE]->(j), (i)-[:TYPE]->(k),
(j)-[:TYPE]->(k), (j)-[:TYPE]->(m), (j)-[:TYPE]->(n),
(k)-[:TYPE]->(m), (k)-[:TYPE]->(l), (l)-[:TYPE]->(n), (m)-[:TYPE]->(n);
```

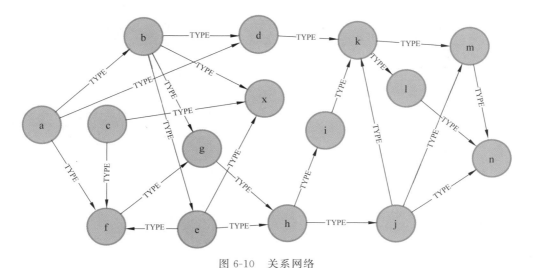

图 6-10 关系网络

例 6-42 根据例 6-41 的关系网络创建命名图。

```
CALL gds.graph.project(
    'myGraph8', 'Node',
    {
        TYPE: {
            type: 'TYPE',
            orientation: 'undirected',
            aggregation: 'NONE'
        }
    }
)
```

例 6-43 在例 6-42 的命名图上,执行 Louvain 算法进行社区划分。

```
CALL gds.louvain.stream('myGraph8', { includeIntermediateCommunities: true })
YIELD nodeId, communityId, intermediateCommunityIds
RETURN    gds.    util.    asNode    ( nodeId ).    name    AS    name,
communityId, intermediateCommunityIds
ORDER BY name ASC
```

执行结果如表 6-24 所示,在第一次迭代之后,可以看到 4 个社区[6,9,11,14],在第二次迭代中减少到三个[6,9,14]。

表 6-24 例 6-43 执行结果

name	communityId	intermediateCommunityIds
"a"	6	[6, 6]
"b"	6	[6, 6]
"c"	6	[11, 6]
"d"	6	[6, 6]
"e"	6	[11, 6]
"f"	6	[11, 6]
"g"	14	[14, 14]
"h"	14	[14, 14]
"i"	14	[14, 14]
"j"	9	[9, 9]
"k"	9	[9, 9]
"l"	9	[9, 9]
"m"	9	[9, 9]
"n"	9	[9, 9]

6.4.2 Label Propagation 算法

标签传播算法(Label Propagation Algorithm,LPA)通过在图中传播标签,并根据标签传播过程进行社区发现。其思想是单个标签可以在密集连接的节点组中迅速占优势,但是在穿过稀疏连接的区域时会遇到麻烦。标签将被困在一个密集连接的节点组中,并且当算法完成时以相同标签结尾的那些节点可以被视为同一社区的一部分。LPA 算法的工作原理如下。

(1) 每个节点都用唯一的社区标签(标识符)初始化,这些标签通过网络传播。

(2) 在每次迭代中,每个节点都会将其标签更新为其邻居最大数量所属的标签。

(3) 当每个节点具有其邻居的多数标签时,LPA 达到收敛。

(4) 如果达到收敛或达到用户定义的最大迭代次数,则 LPA 停止。

随着标签的传播,密切连接的节点集合迅速就唯一标签达成共识。传播结束时,仅会保留少量标签,而大多数标签将消失,具有相同社区标签的节点属于同一社区。

LPA 算法的一项有趣特征是可以为节点分配初始标签,以缩小生成的解决方案的范围,此意味着它可以用作寻找社区的半监督方式,用户可以在其中手工挑选一些初始社区。

在命名图上以 stream 模式执行 LPA 算法的语法格式如下。

```
➢ CALL gds.louvain.stream(
    graphName: String,
```

```
  configuration: Map
)YIELD
  nodeId: Integer,
  communityId: Integer,
  intermediateCommunityIds: Integer[]
```

输入参数如下。

- graphName：图名称。
- configuration：算法配置参数。

输出参数如下。

- nodeId：节点的 ID。
- communityId：社区最终 ID。
- intermediateCommunityIds：每层中的社区 ID。

下面将展示运行 LPA 算法的示例。先创建一个包含少数节点的小型社交网络。

例 6-44　创建小型社交网络（见图 6-11）。

```
CREATE
  (alice:User {name: 'Alice', seed_label: 52}), (bridget:User {name: 'Bridget',
  seed_label: 21}),
  (charles:User {name: 'Charles', seed_label: 43}), (doug:User {name: 'Doug',
  seed_label: 21}),
  (mark:User {name: 'Mark', seed_label: 19}), (michael:User {name: 'Michael',
  seed_label: 52}),
  (alice)-[:FOLLOW {weight: 1}]->(bridget),  (alice)-[:FOLLOW {weight: 10}]->
  (charles),
  (mark)-[:FOLLOW {weight: 1}]->(doug),  (bridget)-[:FOLLOW {weight: 1}]->
  (michael),
  (doug)-[:FOLLOW {weight: 1}]->(mark),  (michael)-[:FOLLOW {weight: 1}]->
  (alice),
  (alice)-[:FOLLOW {weight: 1}]->(michael),  (bridget)-[:FOLLOW {weight: 1}]-
  >(alice),
  (michael)-[:FOLLOW {weight: 1}]->(bridget),  (charles)-[:FOLLOW {weight: 1}]
  ->(doug)
```

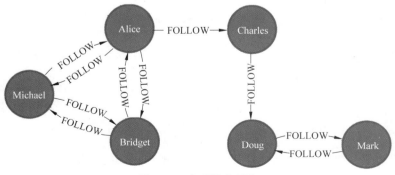

图 6-11　小型社交网络

此社交网络包含 6 个用户,其中一些用户彼此认识(FOLLOW)。除 name 属性外,每个用户还具有一个 seed_label 属性,表示网络中为节点赋予的标签值,这可能来自标签传播算法先前运行的结果。此外,每个关系都具有权重属性。

例 6-45 根据例 6-44 的社交网络创建命名图。

```
CALL gds.graph.project(
    'myGraph9', 'User', 'FOLLOW',
    {
        nodeProperties: 'seed_label',
        relationshipProperties: 'weight'
    }
)
```

例 6-46 在例 6-45 的命名图上,以 stream 模式执行 LPA 算法进行社区发现。

```
CALL gds.labelPropagation.stream('myGraph9')
YIELD nodeId, communityId AS Community
RETURN gds.util.asNode(nodeId).name AS Name, Community
ORDER BY Community, Name
```

执行结果如表 6-25 所示。

表 6-25　例 6-46 执行结果

Name	Community	Name	Community
"Alice"	1	"Charles"	4
"Bridget"	1	"Doug"	4
"Michael"	1	"Mark"	4

从上面的示例中可以看到社交网络有两个社区,每个社区包含三个节点。算法的默认行为是运行 unweighted,不使用 node 或 relationship 的权重。

LPA 算法也可以配置为使用节点和(或)关系权重。通过 nodeWeightProperty 属性指定节点权重,可以控制节点社区对其邻居的影响。在计算特定社区的权重时,节点属性将乘以该节点关系的权重。下面使用 weighted 选项进行“加权”。

例 6-47 在例 6-45 的命名图上,在具有加权的关系上执行 LPA 算法进行社区发现。

```
CALL gds.labelPropagation.stream('myGraph9', { relationshipWeightProperty: '
weight' })
YIELD nodeId, communityId AS Community
RETURN gds.util.asNode(nodeId).name AS Name, Community
ORDER BY Community, Name
```

执行结果如表 6-26 所示。与未加权的社区发现相比,此结果仍然有两个社区,但它们分别包含两个节点和四个节点。使用加权关系,节点 Alice 和 Charles 现在在同一个社区中,因为它们之间有很强的联系。

表 6-26　例 6-47 执行结果

Name	Community	Name	Community
"Bridget"	2	"Charles"	4
"Michael"	2	"Doug"	4
"Alice"	4	"Mark"	4

在 LPA 算法计算开始时,每个节点都被初始化一个唯一的标签,标签通过网络传播。可以通过设置 seedProperty 配置参数提供一组初始标签。当创建命名图时,可以设置节点属性 seed_label,将此节点属性用作种子属性。LPA 算法首先检查是否有分配给节点的种子标签。若不存在种子标签,则算法为节点分配新的唯一标签。在给定初始标签情况下,算法会依次将每个节点的标签更新为一个新的标签,这是在标签传播的每次迭代中其邻居中最频繁的标签。

例 6-48　在例 6-45 的命名图上,使用初始标签执行 LPA 算法进行社区发现。

```
CALL gds.labelPropagation.stream('myGraph9', { seedProperty: 'seed_label' })
YIELD nodeId, communityId AS Community
RETURN gds.util.asNode(nodeId).name AS Name, Community
ORDER BY Community, Name
```

执行结果如表 6-27 所示,可见发现的社区是基于 seed_label 属性的,具体来说社区 19 来自节点 Mark,社区 21 来自节点 Bridget。

表 6-27　例 6-48 执行结果

Name	Community	Name	Community
"Charles"	19	"Alice"	21
"Doug"	19	"Bridget"	21
"Mark"	19	"Michael"	21

6.4.3　Weakly Connected Components 算法

Weakly Connected Components(弱连通分量,WCC)算法在无向图中找到连接节点的集合,其中同一集合中的所有节点形成一个连通分量。一般早期使用 WCC 算法理解图的结构,然后再在所识别的社区上运行其他算法。作为有向图的预处理步骤,WCC 算法有助于快速识别断开连接的社区。

在命名图上以 stream 模式执行 WCC 算法的语法格式如下。

```
➢ CALL gds.wcc.stream(
    graphName: String,
    configuration: Map
```

```
) YIELD
  nodeId: Integer,
  componentId: Integer
```

输入参数如下。

- graphName：图名称。
- configuration：算法配置参数。

输出参数如下。

- nodeId：节点的 ID。
- componentId：组件的 ID。

下面将展示运行 WCC 算法的示例。首先创建包含少量人员的社交网络。

例 6-49 创建人员社交网络(见图 6-12)。

```
CREATE
  (nAlice:User {name: 'Alice'}), (nBridget:User {name: 'Bridget'}),
  (nCharles:User {name: 'Charles'}), (nDoug:User {name: 'Doug'}),
  (nMark:User {name: 'Mark'}), (nMichael:User {name: 'Michael'}),
  (nAlice)-[:LINK {weight: 0.5}]->(nBridget), (nAlice)-[:LINK {weight: 4}]->
(nCharles),
  (nMark)-[:LINK {weight: 1.1}]->(nDoug), (nMark)-[:LINK {weight: 2}]->
(nMichael);
```

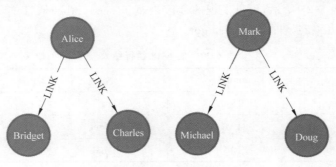

图 6-12   人员社交网络

所生成的社交网络图具有两个连接的分量,每个分量具有三个节点。连接每个分量中的节点的关系具有 weight 属性定义的关系强度。

例 6-50 在例 6-49 的社交网络上创建命名图。

```
CALL gds.graph.project(
  'myGraph10', 'User', 'LINK',
  {
    relationshipProperties: 'weight'
  }
)
```

例 6-51　在例 6-50 的命名图上，以 stream 模式执行 WCC 算法进行社区划分。

```
CALL gds.wcc.stream('myGraph10')
YIELD nodeId, componentId
RETURN gds.util.asNode(nodeId).name AS name, componentId
ORDER BY name,componentId
```

执行结果如表 6-28 所示，可以看到算法提取了两个分量。

表 6-28　例 6-51 执行结果

name	componentId	name	componentId
"Alice"	0	"Doug"	3
"Bridget"	0	"Mark"	3
"Charles"	0	"Michael"	3

WCC 算法的默认行为是未加权运行，也可以通过设置在加权图中执行，可以使用 relationshipWeightProperty 参数指定。此外，也可以指定权重值的阈值，在这种情况下算法只考虑大于阈值的权重。如果关系不具有指定的权重属性，则算法回退到使用默认值零。

例 6-52　在例 6-50 的命名图上，使用属性权重执行 WCC 算法进行社区划分。

```
CALL gds.wcc.stream('myGraph', {
  relationshipWeightProperty: 'weight',
  threshold: 1.0
})

YIELD nodeId, componentId
RETURN gds.util.asNode(nodeId).name AS Name, componentId AS ComponentId
ORDER BY ComponentId, Name
```

执行结果如表 6-29 所示，从输出结果中可以看出，名为 Bridget 的节点现在位于其自己的组件中，这是因为其关系权重小于配置的阈值，因此被忽略了。

表 6-29　例 6-52 执行结果

name	ComponentId	name	ComponentId
"Alice"	0	"Doug"	3
"Charles"	0	"Mark"	3
"Bridget"	1	"Michael"	3

6.5　节点相似度算法

节点相似度在社区发现、协同过滤和信息检索中具有广泛应用。基于属性的方法是通过比较节点的属性值计算相似度，基于链接的方法是通过节点之间的链接关系计算节点的相似度。

6.5.1　Node Similarity 算法

Node Similarity(节点相似性)算法会根据所链接的其他节点比较相似度。如果两个节点共享许多相同的邻居,则认为它们是相似的。节点相似度基于 Jaccard 指标(也称为 Jaccard 相似度得分)或重叠系数(也称为 Szymkiewicz-Simpson 系数)计算成对相似度。

给定两个集合 A 和 B,使用以下公式计算 Jaccard 相似度得分:

$$J(A,B) = \frac{|A \cap B|}{|A \cup B|} = \frac{|A \cap B|}{|A| + |B| - |A \cap B|}$$

使用以下公式计算重叠系数:

$$O(A,B) = \frac{|A \cap B|}{\min(|A|, |B|)}$$

Node Similarity 算法的输入是一个包含两个不相交节点集的二分连通图。每个关系都从第一个节点集中的一个节点开始,到第二个节点集中的一个节点结束。算法比较每个具有输出关系的节点 n 和节点 m,其中 n 有一个关系指向 m。对于每一对 (n,m),计算这两个节点的相似度,该相似度等于 $N(n)$ 和 $N(m)$ 的 Jaccard 相似度得分。输出是第一对节点集之间的新关系,相似度得分通过关系属性表示。

在命名图上以 stream 模式执行 Node Similarity 算法的语法如下。

```
➤ CALL gds.nodeSimilarity.stream(
    graphName: String,
    configuration: Map
) YIELD
    node1: Integer,
    node2: Integer,
    similarity: Float
```

输入参数如下。

- graphName：图名称。
- configuration：算法配置参数。

输出参数如下。

- node1：第一个节点的 ID。
- node2：第二个节点的 ID。
- similarity：两个节点的相似度得分。

为了演示 Node Similarity 算法,先创建一个包含少量节点的知识图谱。

例 6-53 创建一个包含少量节点的知识图谱(见图 6-13)。

```
CREATE
  (alice:Person {name: 'Alice'}), (bob:Person {name: 'Bob'}),
  (carol:Person {name: 'Carol'}), (dave:Person {name: 'Dave'}),
  (eve:Person {name: 'Eve'}), (guitar:Instrument {name: 'Guitar'}),
  (synth:Instrument {name: 'Synthesizer'}), (bongos:Instrument {name: 'Bongos'}),
```

```
(trumpet:Instrument {name: 'Trumpet'}), (alice)-[:LIKES]->(guitar),
(alice)-[:LIKES]->(synth), (alice)-[:LIKES {strength: 0.5}]->(bongos),
(bob)-[:LIKES]->(guitar), (bob)-[:LIKES]->(synth),
(carol)-[:LIKES]->(bongos), (dave)-[:LIKES]->(guitar),
(dave)-[:LIKES]->(synth), (dave)-[:LIKES]->(bongos);
```

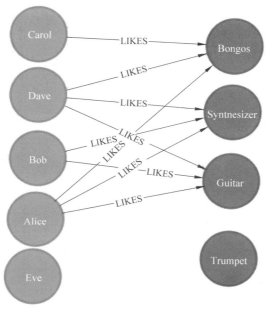

图 6-13　知识图谱

该知识图谱具有两个节点集："人"节点集和"仪器"节点集,两个节点集通过 LIKES 关系连接,每个关系都从"人"节点开始,到"乐器"节点结束。在下面的示例中,使用节点相似度算法根据人们喜欢的工具比较他们。Node Similarity 算法将仅计算度数至少为 1 的节点的相似度,在上述知识图谱中,Eve 节点将不与其他的"人"节点进行比较。

例 6-54 创建例 6-53 的命名图,并将其存储在图目录中。

```
CALL gds.graph.project(
  'myGraph11',
  ['Person', 'Instrument'],
  {
    LIKES: {
      type: 'LIKES',
      properties: {
        strength: {
          property: 'strength',
          defaultValue: 1.0
}}}});
```

例 6-55 在例 6-54 的命名图上,以 stream 模式执行 Node Similarity 算法计算节点相似度。

```
CALL gds.nodeSimilarity.stream('myGraph11')
YIELD node1, node2, similarity
RETURN gds.util.asNode(node1).name AS Person1, gds.util.asNode(node2).name AS
Person2, similarity
ORDER BY similarity DESC, Person1, Person2
```

执行结果如表 6-30 所示。该例子使用了过程配置参数的默认值,Top K 设置为 10,Top N 设置为 0。因此,结果集包含每个节点的前 10 个相似度得分。

表 6-30　例 6-55 执行结果

Person1	Person2	similarity
"Alice"	"Dave"	1.0
"Dave"	"Alice"	1.0
"Alice"	"Bob"	0.6666666666666666
"Bob"	"Alice"	0.6666666666666666
"Bob"	"Dave"	0.6666666666666666
"Dave"	"Bob"	0.6666666666666666
"Alice"	"Carol"	0.3333333333333333
"Carol"	"Alice"	0.3333333333333333
"Carol"	"Dave"	0.3333333333333333
"Dave"	"Carol"	0.3333333333333333

如果还想计算 Instruments 的相似性,可以使用 REVERSE 方向投影 LIKES 关系类型,这将返回仪器对的相似性,而不计算人员之间的任何相似性。

Node Similarity 算法有四个限制可应用于相似性结果。Top K 将结果限制为最高的相似性分数,Bottom K 将结果限制为最低的相似性分数,上限和下限都可以应用于整个结果("N"),或应用于每个节点的结果("K")。必须始终有一个"K"限制,Bottom K 或 Top K 是一个正数,它们的默认值都为 10。

Top K 和 Bottom K 是对每个节点计算的分数数量的限制。对于 Top K,将返回每个节点的 K 个最大相似度分数。对于 Bottom K,将返回每个节点的 K 个最小相似度分数。Top K 和 Bottom K 不能为 0,默认为 10。若不指定 Top K 和 Bottom K,则使用 Top K。

例 6-56 在例 6-54 的命名图上,以 stream 模式执行 Node Similarity 算法计算节点相似度,返回节点的 Top 1 的相似节点。

```
CALL gds.nodeSimilarity.stream('myGraph11', { topK: 1 })
YIELD node1, node2, similarity
```

```
RETURN gds.util.asNode(node1).name AS Person1, gds.util.asNode(node2).name AS
Person2, similarity
ORDER BY Person1
```

执行结果如表 6-31 所示,此时仅返回 Top 1 的结果。

表 6-31 例 6-56 执行结果

Person1	Person2	similarity
"Alice"	"Dave"	1.0
"Bob"	"Alice"	0.6666666666666666
"Carol"	"Alice"	0.3333333333333333
"Dave"	"Alice"	1.0

除每个节点的 Top K 或 Bottom K 限制,对于 Top N,返回 N 个最大的相似度分数。对于 Bottom N,返回 N 个最小的相似度分数。值 0 表示没有施加全局限制,并且返回来自 Top K 或 Bottom K 的所有结果。

例 6-57 在例 6-54 的命名图上,以 stream 模式执行 Node Similarity 算法计算节点相似度,从每个节点的前 3 个结果中输出 1 个最高的结果。

```
CALL gds.nodeSimilarity.stream('myGraph11', { topK: 1, top N: 3 })
YIELD node1, node2, similarity
RETURN gds.util.asNode(node1).name AS Person1, gds.util.asNode(node2).name AS
Person2, similarity
ORDER BY similarity DESC, Person1, Person2
```

执行结果如表 6-32 所示。

表 6-32 例 6-57 执行结果

Person1	Person2	similarity
"Alice"	"Dave"	1.0
"Dave"	"Alice"	1.0
"Bob"	"Alice"	0.6666666666666666

此外,算法也可以考虑节点的度数对相似性的影响,以及规定相似度的阈值,以减少输出结果,在此不再赘述。

6.5.2 K-Nearest Neighbors 算法

K 最近邻(K-Nearest Neighbors)算法根据节点属性计算图中所有节点对的距离值,属性最相似的节点是 K 最近邻,并在每个节点与其 K 个最近邻居之间创建新关系。算法输入是单图,节点之间的关系将被忽略,输出是节点与其 K 个最近邻居之间的新关系,相似度分数通过关系属性表示。

在命名图上以 stream 模式执行 K 最近邻算法的语法格式如下。

```
➢ CALL gds.knn.stream(
    graphName: String,
    configuration: Map
 ) YIELD
    node1: Integer,
    node2: Integer,
    similarity: Float
```

输入参数如下。

- graphName：图名称。
- configuration：算法配置参数。

输出参数如下。

- node1：第一个节点的节点 ID。
- node2：第二个节点的节点 ID。
- similarity：两个节点的相似度得分。

例 6-58 创建包含 5 个人节点的图，节点之间没有关系，如图 6-14 所示。

```
CREATE
  (alice:Person {name: 'Alice', age: 24, lotteryNumbers: [1, 3], embedding: [1.0,
3.0]}),
  (bob:Person {name: 'Bob', age: 73, lotteryNumbers: [1, 2, 3], embedding: [2.1,
1.6]}),
  (carol:Person {name: 'Carol', age: 24, lotteryNumbers: [3], embedding: [1.5, 3.
1]}),
  (dave:Person {name: 'Dave', age: 48, lotteryNumbers: [2, 4], embedding: [0.6, 0.
2]}),
  (eve:Person {name: 'Eve', age: 67, lotteryNumbers: [1, 5], embedding: [1.8, 2.
7]});
```

图 6-14　例 6-58 图

下面的例子将使用 K 最近邻算法根据人们的年龄进行比较。

例 6-59 根据例 6-58 的图在内存中创建命名图，并将其存储在图目录中。

```
CALL gds.graph.project(
    'myGraph12',
    {
        Person: {
            label: 'Person',
            properties: ['age','lotteryNumbers','embedding']
        }
    },
    '*'
);
```

例 6-60　在例 6-59 的命名图上，以 stream 模式执行 K 最近邻算法计算节点的相似度。

```
CALL gds.knn.stream('myGraph12', {
    topK: 1,
    nodeProperties: ['age'],
    //设置以下参数,以产生确定性结果
    randomSeed: 1337,
    concurrency: 1,
    sampleRate: 1.0,
    deltaThreshold: 0.0
})
YIELD node1, node2, similarity
RETURN gds.util.asNode(node1).name AS Person1, gds.util.asNode(node2).name AS
Person2, similarity
ORDER BY similarity DESCENDING, Person1, Person2
```

执行结果如表 6-33 所示。对于大多数参数，例 6-60 使用配置参数的默认值，randomSeed 和 concurrency 设置为在每次调用时产生相同的结果。Top K 参数设置为 1，仅返回每个节点的单个最近邻居。根据结果可知，Dave 和 Eve 之间的相似度非常低。

表 6-33　例 6-60 执行结果

Person1	Person2	similarity
"Alice"	"Carol"	1.0
"Carol"	"Alice"	1.0
"Bob"	"Eve"	0.14285714285714285
"Eve"	"Bob"	0.14285714285714285
"Dave"	"Eve"	0.05

6.6　链接预测算法

链接预测（link prediction）算法使用网络拓扑结构确定一对节点的接近程度，然后使用计算得到的分数预测它们之间的新关系，进行关系补全。本节介绍的 3 个算法目前都属于

Alpha 版本,是实验性的。

6.6.1　Adamic Adar 算法

Adamic Adar 算法是由 Lada Adamic 和 Eytan Adar 于 2003 年提出的,用于社交网络的链接预测,该算法使用以下计算公式:

$$A(x,y) = \sum_{u \in N(x) \cap N(y)} \frac{1}{\log |N(u)|}$$

其中,x 和 y 是两个节点,$N(u)$ 是与 u 相连的节点集;A 值为 0 表示 x 和 y 两个节点不接近,A 值越大表示 x 和 y 两个节点越接近。

通过 RETURN 语句即可调用 Adamic Adar 算法,其语法格式如下。

```
➤ RETURN gds.alpha.linkprediction.adamicAdar(node1:Node, node2:Node, {
      relationshipQuery:String,
    direction:String
})
```

输入参数如下。

- relationshipQuery:节点 1 和节点 2 的关系类型。
- direction:节点 1 和节点 2 关系的方向。

例 6-61　创建人物关系网络(见图 6-15)。

```
CREATE
    (zhen:Person {name: 'Zhen'}), (praveena:Person {name: 'Praveena'}),
    (michael:Person {name: 'Michael'}), (arya:Person {name: 'Arya'}),
    (karin:Person {name: 'Karin'}), (zhen)-[:FRIENDS]->(arya),
    (zhen)-[:FRIENDS]->(praveena), (praveena)-[:WORKS_WITH]->(karin),
    (praveena)-[:FRIENDS]->(michael), (michael)-[:WORKS_WITH]->(karin),
    (arya)-[:FRIENDS]->(karin)
```

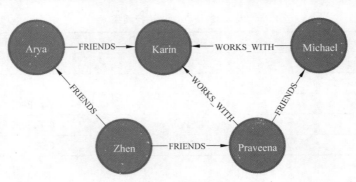

图 6-15　人物关系网络

例 6-62　利用例 6-61 创建的人物关系网络图,执行 Adamic Adar 算法计算 Michael 和 Karin 之间的相似度。

```
MATCH (p1:Person {name: 'Michael'})
MATCH (p2:Person {name: 'Karin'})
RETURN gds.alpha.linkprediction.adamicAdar(p1, p2) AS score
```

执行结果如表 6-34 所示,因而这两个节点之间存在相应关系。

表 6-34　例 6-62 执行结果

score
0.9102392266268373

还可以基于特定的关系类型计算节点相似度。

例 6-63　利用例 6-61 创建的人物关系网络图,根据 FRIENDS 关系,执行 Adamic Adar 算法计算 Michael 和 Karin 之间的相似度。

```
MATCH (p1:Person {name: 'Michael'})
MATCH (p2:Person {name: 'Karin'})
RETURN gds. alpha. linkprediction. adamicAdar (p1, p2, {relationshipQuery: '
FRIENDS'}) AS score
```

执行结果如表 6-35 所示,因而这两个节点不存在 FRIENDS 关系。

表 6-35　例 6-63 执行结果

score
0.0

6.6.2　Common Neighbors 算法

共同邻居(Common Neighbors)算法的基本思想是两个有共同朋友的陌生人比没有共同朋友的陌生人更容易被介绍认识,即存在潜在的链接关系。该算法使用以下计算公式:

$$CN(x,y) = | N(x) \bigcap N(y) |$$

其中 $N(x)$ 是与节点 x 相邻的节点集,$N(y)$ 是与节点 y 相邻的节点集,CN 值为 0 表示两个节点不接近,CN 值越大表示节点越接近。

通过 RETURN 语句即可调用 Common Neighbors 算法,语法格式如下。

```
➤ RETURN gds.alpha.linkprediction.commonNeighbors (node1:Node, node2:Node, {
    relationshipQuery:String,
    direction:String
  })
```

参数如下。

- relationshipQuery:节点 1 和节点 2 的关系类型。
- direction:节点 1 和节点 2 关系的方向。

例 6-64　利用例 6-61 创建的人物关系网络图,执行 Common Neighbors 算法计算

Michael 和 Karin 的共同邻居数量。

```
MATCH (p1:Person {name: 'Michael'})
MATCH (p2:Person {name: 'Karin'})
RETURN gds.alpha.linkprediction.commonNeighbors(p1, p2) AS score
```

执行结果如表 6-36 所示，Michael 和 Karin 之间的共同邻居为 1 个。

表 6-36　例 6-64 执行结果

score
1.0

例 6-65　利用例 6-61 创建的人物关系网络图，根据 FRIENDS 关系执行 Common Neighbors 算法计算 Michael 和 Karin 之间的潜在关系。

```
MATCH (p1:Person {name: 'Michael'})
MATCH (p2:Person {name: 'Karin'})
RETURN gds.alpha.linkprediction.commonNeighbors(p1, p2,
       {relationshipQuery: "FRIENDS"}) AS score
```

执行结果如表 6-37 所示，表明两个节点在 FRIENDS 关系上没有潜在的关系。

表 6-37　例 6-65 执行结果

score
0.0

6.6.3　Same Community 算法

相同社区（Same Community）算法是一种确定两个节点是否属于同一社区的方法。如果两个节点属于同一社区，将来（如果目前尚未建立联系）它们之间存在联系的可能性就更大。值为 0 表示两个节点不在同一社区中，值为 1 表示两个节点在同一社区中。

通过 RETURN 语句即可调用 Same Community 算法，其语法格式如下。

```
RETURN gds.alpha.linkprediction.sameCommunity
       (node1:Node, node2:Node, communityProperty:String)
```

输入参数如下。
- Node1：节点 1。
- Node2：节点 2。
- communityProperty：节点所属的社区。

例 6-66　创建人物及其对应社区。

```
CREATE (zhen:Person {name: 'Zhen', community: 1}),
       (praveena:Person {name: 'Praveena', community: 2}),
```

```
(michael:Person {name: 'Michael', community: 1}),
(arya:Person {name: 'Arya', partition: 5}),
(karin:Person {name: 'Karin', partition: 5}),
(jennifer:Person {name: 'Jennifer'})
```

例 6-67 根据例 6-66 创建的人物及其对应社区,使用 Same Community 算法判断 Michael 和 Zhen 是否属于同一社区。

```
MATCH (p1:Person {name: 'Michael'})
MATCH (p2:Person {name: 'Zhen'})
RETURN gds.alpha.linkprediction.sameCommunity(p1, p2) AS score
```

执行结果如表 6-38 所示,表明 Michael 和 Zhen 属于同一社区。

表 6-38 例 6-67 执行结果

score
1.0

例 6-68 根据例 6-66 创建的人物及其对应社区,使用 Same Community 算法判断 Michael 和 Praveena 是否属于同一社区。

```
MATCH (p1:Person {name: 'Michael'})
MATCH (p2:Person {name: 'Praveena'})
RETURN gds.alpha.linkprediction.sameCommunity(p1, p2) AS score
```

执行结果如表 6-39 所示,表明 Michael 和 Praveena 不属于同一社区。

表 6-39 例 6-68 执行结果

score
0.0

如果其中一个节点没有社区,则意味着它与其他任何节点都不属于同一社区。

例 6-69 根据例 6-66 创建的人物及其对应社区,使用 Same Community 算法判断 Michael 和 Jennifer 是否属于同一社区。

```
MATCH (p1:Person {name: 'Michael'})
MATCH (p2:Person {name: 'Jennifer'})
RETURN gds.alpha.linkprediction.sameCommunity(p1, p2) AS score
```

执行结果如表 6-40 所示,表明 Michael 和 Jennifer 不属于同一社区。

表 6-40 例 6-69 执行结果

score
0.0

默认情况下,从 community 属性读取社区,但是可以显式声明要从哪个属性读取。

例 6-70 根据例 6-66 创建的人物及其对应社区,使用 Same Community 算法根据 partition 属性判断 Arya 和 Karin 是否属于同一社区。

```
MATCH (p1:Person {name: 'Arya'})
MATCH (p2:Person {name: 'Karin'})
RETURN gds.alpha.linkprediction.sameCommunity(p1, p2, 'partition') AS score
```

执行结果如表 6-41 所示,表明 Arya 和 Karin 在 partition 属性上是同一社区。

表 6-41　例 6-70 执行结果

score
1.0

6.7　节点嵌入算法

节点嵌入(node embedding)是指根据图的结构特征和属性将节点嵌入到一个低维、稠密和连续的向量空间中,为节点学习到一个合适的向量表示,其目的是提高下游任务(如节点分类、链接预测、图分类等)的计算性能。图 6-16 给出了节点嵌入的示意图,左侧是一个图,中间是学习得到的嵌入表示,右侧是在嵌入表示基础上执行其他任务,如节点分类、链接预测、图分类等。本节将介绍 GDS 提供的 Product 级别的 FastRP 算法和 Beta 级别的 GraphSAGE 和 Node2Vec 算法。

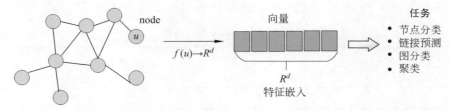

图 6-16　节点嵌入的示意图

6.7.1　FastRP 算法

Fast Random Projection(FastRP)是随机投影算法家族中的一个节点嵌入算法,这些算法的思想遵循 Johnsson－Lindenstrauss 引理,即任意维度的 n 个向量投影到 $O(\log(n))$ 维度上,将仍然近似地保留节点之间的成对距离。因而,FastRP 算法允许在保留大部分距离信息的同时进行积极的降维,为具有相似邻域的两个节点分配相似的嵌入向量,而不相似的两个节点不应该被分配相似的嵌入向量。

由于大多数现实世界的图都包含节点属性,因此这些属性存储有关节点及其代表的信息。GDS 所实现的 FastRP 算法扩展了原始 FastRP 算法,能够将节点属性考虑在内,因而生成的嵌入向量更准确。该算法的节点属性感知方面是通过参数 featureProperties 和 propertyRatio 配置的。featureProperties 中的每个节点属性都与一个随机生成的维度 propertyDimension 向量相关联,其中 propertyDimension ＝ embeddingDimension×propertyRatio。然后使用由两部分连接形成的大小为 embeddingDimension 的向量初始化每个节点,第一部分如标准 FastRP 算法一样形成,第二部分是属性向量的线性组合,使用节点的属性值作为权重。

GDS 所实现的 FastRP 算法允许调整一些重要的超参数来提高嵌入质量,主要包括以下几方面。

(1) 嵌入维度:该超参数是生成的向量的长度,更大的尺寸提供更高的精度,但操作成本更高,一般的取值范围是 128～1024。

(2) 归一化强度:该超参数用于控制节点度如何影响嵌入,使用负值会淡化高度邻居的重要性,而使用正值会增加它们的重要性,一般的取值范围是[−1,0],经验表明正归一化强度给出更好结果的情况。

(3) 迭代权重:该超参数控制两个迭代次数和对最终节点嵌入的相对影响;单次迭代只考虑直接邻居;两次迭代将考虑直接邻居和二级邻居;三次迭代将考虑直接邻居、二级邻居和三级邻居。

(4) 节点自身影响:该超参数类似于第 0 次迭代的迭代权重,或者节点的投影对同一节点的嵌入的影响。

在命名图上以 stream 模式执行 FastRP 算法的语法格式如下。

```
➢ CALL gds.fastRP.stream(
      graphName: String,
      configuration: Map
  ) YIELD
      nodeId: Integer,
      embedding: List<Float>
```

输入参数如下。
- graphName:在内存中创建的命名图的名称。
- configuration:配置信息参数,具体包括以下几个。
  - ✓ nodeLabels:节点标签,根据节点标签过滤命名图中的节点。
  - ✓ relationshipTypes:关系类型,根据关系类型过滤命名图中的关系。
  - ✓ concurrency:执行算法的线程数。
  - ✓ embeddingDimension:节点嵌入的维度,最小值为 1。
  - ✓ iterationWeights:每次迭代的权重。
  - ✓ normalizationStrength:每个节点的初始随机向量按其程度缩放到归一化强度的幂。
  - ✓ relationshipWeightProperty:计算过程中的关系权重值。
输出参数如下。
- nodeId:节点的 ID。
- embedding:节点嵌入表示。

下面将展示运行 FastRP 节点嵌入算法的示例。首先创建一个包含少数节点的小型社交图，此图代表七个彼此认识的人，关系属性 weight 表示两个人之间的紧密程度。

例 6-71　创建一个包括 7 个节点的社交关系图（见图 6-17）。

```
CREATE
  (dan:Person {name: 'Dan', age: 18}), (annie:Person {name: 'Annie', age: 12}),
  (matt:Person {name: 'Matt', age: 22}), (jeff:Person {name: 'Jeff', age: 51}),
  (brie:Person {name: 'Brie', age: 45}), (elsa:Person {name: 'Elsa', age: 65}),
  (john:Person {name: 'John', age: 64}), (dan)-[:KNOWS {weight: 1.0}]->(annie),
  (dan)-[:KNOWS {weight: 1.0}]->(matt), (annie)-[:KNOWS {weight: 1.0}]->
  (matt),
  (annie)-[:KNOWS {weight: 1.0}]->(jeff), (annie)-[:KNOWS {weight: 1.0}]->
  (brie),
  (matt)-[:KNOWS {weight: 3.5}]->(brie), (brie)-[:KNOWS {weight: 1.0}]->
  (elsa),
  (brie)-[:KNOWS {weight: 2.0}]->(jeff), (john)-[:KNOWS {weight: 1.0}]->
  (jeff);
```

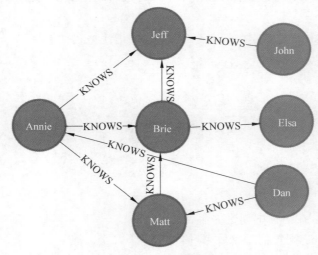

图 6-17　社交关系图

上述的社交关系图包括 7 个彼此认识的人，关系属性权重表示两个人之间的熟悉程度。下面根据图 6-17 创建命名图，使用 Person 节点和 KNOWS 关系的本地投影来执行此操作。对于关系，将使用 UNDIRECTED 方向，并将添加权重关系属性，我们将在运行 FastRP 算法的加权版本时使用该属性。

例 6-72　根据例 6-71 的社交关系图在内存中创建命名图。

```
CALL gds.graph.project(
  'myGraph13', 'Person',
  {
    KNOWS: {
```

```
    orientation: 'UNDIRECTED',
    properties: 'weight'
  }
},
{ nodeProperties: ['age'] }
)
```

例 6-73　在例 6-72 的命名图上,通过 FastRP 算法进行节点嵌入。

```
CALL gds.fastRP.stream('myGraph13', {
  embeddingDimension: 4,
  randomSeed: 42
})
YIELD nodeId, embedding
RETURN gds.util.asNode(nodeId).name AS name, embedding
```

执行结果如表 6-42 所示,每个节点都有一个对应的嵌入向量。该结果并不是很直观,因为节点嵌入是其邻域内节点的数学抽象,专为机器学习设计。可以看到,嵌入有四个元素(使用 embeddingDimension 配置),并且数量相对较小(它们都在 [−2,2] 范围内)。数字的大小由 embeddingDimension、图中的节点数,以及 FastRP 对中间嵌入向量执行欧几里得归一化进行控制。此外,由于随机性原因,每次算法的运行结果会有所不同,但这并不一定意味着两个节点嵌入的成对距离变化很大。

表 6-42　例 6-73 执行结果

name	embedding
Annie	[0.8908196091651917, −0.4774494171142578, −0.4382016658782959, −0.25375252962112427]
Matt	[0.9072355031967163, −0.11975675821304321, −0.49191707372665405, 0.051233887672424316]
Jeff	[0.6278454065322876, −0.3153906464576721, 0.5245959758758545, −0.41881248354911804]
Brie	[0.8158190250396729, −0.22104360163211823, 0.09312201291322708, 0.04920834302902222]
Elsa	[0.43455013632774353, −0.1556287407875061, 0.1783030778169632, 0.1310039758682251]
John	[0.4364357888698578, −0.22899575531482697, 0.7955681681632996, −0.5352948904037476]
Dan	[0.8639012575149536, −0.2834266722202301, −0.7211663126945496, −0.2673720121383667]

默认情况下,FastRP 算法将图的关系视为未加权。如果要更改此设置,可以使用 relationshipWeightProperty 参数进行配置。下面是运行加权算法变体的示例。

例 6-74　使用加权执行该 FastRP 算法进行节点嵌入。

```
CALL gds.fastRP.stream(
  'myGraph13',
  {
    embeddingDimension: 4,
    randomSeed: 42,
    relationshipWeightProperty: 'weight'
  }
)
YIELD nodeId, embedding
RETURN gds.util.asNode(nodeId).name AS name, embedding
```

执行结果如表 6-43 所示，每个节点都有一个对应的嵌入向量。由于算法的初始状态是随机的，因此无法直观地分析关系权重的影响。

表 6-43　例 6-74 执行结果

name	embedding
Annie	$[1.7731382846832275, 0.33910319209098816, 0.519716203212738, -0.3910723328590393]$
Matt	$[1.2254624366760254, 0.4363457262516022, 0.396145761013031, -0.053384244441986084]$
Jeff	$[1.1917189359664917, 0.31497716903686523, 0.8708434104919434, -0.39251211285591125]$
Brie	$[1.182854175567627, 0.34506481885910034, 0.6046590805053711, -0.28727802634239197]$
Elsa	$[0.9879212379455566, 0.37415385246276855, 0.548649251461029, -0.09580445289611816]$
John	$[0.8680055141448975, 0.164903461933136, 0.8782655000686646, -0.5328195691108704]$
Dan	$[1.57882559299469, 0.40673336386680603, 0.42972704768180847, -0.4100561738014221]$

6.7.2　GraphSAGE 算法

GraphSAGE 是一种用于计算节点嵌入的归纳算法，使用节点特征信息在无向图上生成节点嵌入。该算法不是为每个节点训练单独的嵌入，而是学习一个函数，该函数通过从节点的本地邻域采样和聚合特征来生成嵌入。

GraphSAGE 算法也考虑了一些特殊情况。对于孤立节点，GraphSAGE 只能从节点本身提取信息，当该节点的所有属性都为 0 且激活函数为 ReLU 时，将导致该节点的向量全为零。然而，由于 GraphSAGE 使用 L2 范数对节点嵌入进行归一化，并且零向量无法归一化，因此在这些特殊情况下将全零嵌入分配给此类节点。在为孤立节点生成全零嵌入的场景中，这可能对下游任务（例如最近邻或其他相似性算法）产生影响。因而，在运行 GraphSAGE 之前，最好过滤掉这些断开的节点。

下面结合一个具体实例展示 GraphSAGE 算法，该例子是一个包含少数节点的社交网络图。

例 6-75　创建包含 7 个节点的社交关系图(见图 6-18)。

```
CREATE
  (dan:Person {name: 'Dan',   age: 20, heightAndWeight: [185, 75]}),
  (annie:Person {name: 'Annie', age: 12, heightAndWeight: [124, 42]}),
  (matt:Person {name: 'Matt',  age: 67, heightAndWeight: [170, 80]}),
  (jeff:Person {name: 'Jeff',  age: 45, heightAndWeight: [192, 85]}),
  (brie:Person {name: 'Brie',  age: 27, heightAndWeight: [176, 57]}),
  (elsa:Person {name: 'Elsa',  age: 32, heightAndWeight: [158, 55]}),
  (john:Person {name: 'John',  age: 35, heightAndWeight: [172, 76]}),
  (dan)-[:KNOWS {relWeight: 1.0}]->(annie), (dan)-[:KNOWS {relWeight: 1.6}]->
  (matt),
  (annie)-[:KNOWS {relWeight: 0.1}]->(matt), (annie)-[:KNOWS {relWeight: 3.0}]
  ->(jeff),
  (annie)-[:KNOWS {relWeight: 1.2}]->(brie), (matt)-[:KNOWS {relWeight: 10.0}]
  ->(brie),
  (brie)-[:KNOWS {relWeight: 1.0}]->(elsa), (brie)-[:KNOWS {relWeight: 2.2}]->
  (jeff),
  (john)-[:KNOWS {relWeight: 5.0}]->(jeff)
```

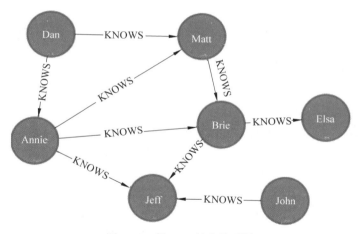

图 6-18　例 6-75 社交关系图

例 6-76　根据例 6-75 创建的社交关系图,在内存中创建命名图。

```
CALL gds.graph.project(
  'myGraph20', {
   Person: {
     label: 'Person',
     properties: ['age', 'heightAndWeight']
   }
}, {
```

```
    KNOWS: {
      type: 'KNOWS',
      orientation: 'UNDIRECTED',
      properties: ['relWeight']
}})
```

1. 模型训练

在使用 GraphSAGE 算法生成节点嵌入之前，需要先训练一个模型并将其存储在模型目录中。

在命名图上训练 GraphSAGE 算法的语法格式如下。

```
➤ CALL gds.beta.graphSage.train(
    graphName: String,
    configuration: Map
  ) YIELD
    graphName: String,
    modelInfo: Map,
    configuration: Map,
    trainMillis: Integer
```

输入参数如下。

- graphName：在内存中创建的命名图的名称；
- configuration：配置信息参数，具体包括以下几个。
  - √ modelName：模型目录中 GraphSAGE 模型的名称。
  - √ featureProperties：节点属性的名称。
  - √ embeddingDimension：生成的节点嵌入的维度。
  - √ aggregator：聚合器，支持的值为 mean 和 pool。
  - √ activationFunction：在模型体系结构中使用的激活功能支持的值为 Sigmoid 和 ReLU。
  - √ sampleSizes：样本大小。
  - √ projectedFeatureDimension：属性所投影到的维度。
  - √ batchSize：每批的节点数。
  - √ tolerance：容差值。
  - √ learningRate：控制训练期间更新的大小。
  - √ epochs：遍历图形的次数。
  - √ maxIterations：每个时期和批次的最大参数更新数。
  - √ searchDepth：随机游走的深度。
  - √ negativeSampleWeight：负样本的权重。
  - √ relationshipWeightProperty：计算过程中的关系权重值。
  - √ randomSeed：一个随机种子，用于控制计算嵌入的随机性。

　　√ nodeLabels：节点标签,根据节点标签过滤命名图中的节点。

　　√ relationshipTypes：关系类型,根据关系类型过滤命名图中的关系。

　　√ concurrency：执行算法的线程数。

输出参数如下。

- graphName：训练使用的命名图的名称。
- modelInfo：训练模型的细节。
- configuration：用于运行过程的配置。
- trainMillis：毫秒训练模型。

例 6-77　在例 6-76 的命名图上对 graphSAGE 算法进行训练。

```
CALL gds.beta.graphSage.train(
  'myGraph14',
  {
    modelName: 'graphSage',
    featureProperties: ['age', 'heightAndWeight'],
    embeddingDimension: 3,
    randomSeed: 19
  }
)
```

GraphSAGE 算法支持以下几种情况的训练。

（1）支持在多个标签的图上进行训练,不同的标签可能具有不同的属性集,属性被投影到一个公共特征空间中。

（2）支持使用关系权重进行训练,节点之间更大的关系权重意味着节点应该具有更相似的嵌入值。

（3）在没有节点属性情况下进行训练,建议使用现有算法创建节点属性。

2. 节点嵌入

训练好模型后,就可以使用它生成节点嵌入。

以 stream 模式执行 GraphSAGE 算法进行节点嵌入的语法如下。

```
➤ CALL gds.beta.graphSage.stream(
    graphName: String,
    configuration: Map
  )YIELD
    nodeId: Integer,
    embedding: List
```

输入参数如下。

- graphName：在内存中创建的命名图的名称。
- configuration：配置信息参数,具体包括以下几个。

　　√ modelName：模型目录中 GraphSAGE 模型的名称。

　　　　✓ nodeLabels：节点标签,根据节点标签过滤命名图中的节点。

　　　　✓ relationshipTypes：关系类型,根据关系类型过滤命名图中的关系。

　　　　✓ concurrency：执行算法的线程数。

　　　　✓ batchSize：每批的节点数。

输出参数如下。

- nodeId：训练使用的命名图的名称。

- embedding：计算得到的节点嵌入。

例 6-78　根据例 6-77 的训练模型,执行 GraphSAGE 算法进行节点嵌入。

```
CALL gds.beta.graphSage.stream(
  'myGraph14',
  {
    modelName: 'graphSage'
  }
)
YIELD nodeId, embedding
RETURN gds.util.asNode(nodeId).name AS name, embedding
```

执行结果如表 6-44 所示,每个节点都有一个对应的嵌入向量。

表 6-44　例 6-78 执行结果

name	embedding
"Annie"	$[0.5285002462391271, 0.46821819175853774, 0.7081378498062898]$
"Matt"	$[0.5285002462386611, 0.4682181917582956, 0.7081378498067977]$
"Jeff"	$[0.5285002462372774, 0.46821819175757673, 0.7081378498083059]$
"Brie"	$[0.5285002462815972, 0.46821819178060636, 0.7081378497600016]$
"Elsa"	$[0.5285002463440263, 0.46821819181304614, 0.7081378496919604]$
"Dan"	$[0.5285002462386774, 0.46821819175830415, 0.7081378498067799]$
"John"	$[0.5285002462374716, 0.46821819175767754, 0.708137849808094]$

6.7.3　Node2Vec 算法

　　Node2Vec 是一种节点嵌入算法,它通过在节点间随机游走对邻域节点进行采样,计算节点的向量表示。该算法使用大量随机邻域样本训练一个隐藏层神经网络,然后该神经网络可以根据另一个节点的出现情况预测一个节点在游走中出现的可能性。

　　Node2Vec 算法采用二阶随机游走,基于随机游走模拟图的遍历。在经典的随机游走中,每个关系都有相同的地方,可能是加权的,被选中的概率不受先前访问过节点的影响。然而,二阶随机游走的概念试图根据当前访问的节点 v、在当前节点之前访问的节点 t,以及作为候选关系目标的节点 x 对转移概率进行建模。因此,Node2Vec 的随机游走受 returnFactor 和 inOutFactor 两个参数的影响。

（1）如果 t 等于 x，则使用 returnFactor，即随机游走返回到先前访问过的节点。

（2）如果从 t 到 x 的距离等于 2，则使用 inOutFactor，即游走遍历远离节点 t。

Node2Vec 算法二阶随机游走过程如图 6-19 所示。

Node2Vec 算法具有 relationshipWeightProperty 参数，通过设置该参数可以进一步影响在随机游走期间遍历关系的概率，大于 1 的关系的属性值将增加遍历关系的可能性，介于 0 和 1 之间的属性值将

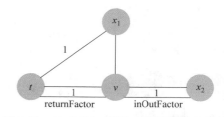

图 6-19　Node2Vec 算法二阶随机游走过程

降低该概率。对于图中的每个节点，生成一系列随机游走，以特定节点作为起始节点。此外，每个节点的随机游走数可以通过 walkPerNode 参数进行控制，游走长度由 walkLength 参数控制。

以 stream 模式执行 Node2Vec 算法的语法格式如下。

```
➢ CALL gds.beta.node2vec.stream(
    graphName: String,
    configuration: Map
  ) YIELD
    nodeId: Integer,
    embedding: List<Float>
```

输入参数如下。

- graphName：在内存中创建的命名图的名称。

- configuration：配置信息参数，具体包括以下几个。

  √ walkLength：随机游走的长度。

  √ walksPerNode：从每个节点开始的随机游走次数。

  √ inOutFactor：随机游走的趋势倾向于保持靠近起始点。

  √ returnFactor：返回到最后访问节点的随机游走的趋势。

  √ relationshipWeightProperty：用作影响随机游走概率的权重的关系属性的名称。权重必须大于或等于 0；如果未指定该参数，则算法运行未加权。

  √ windowSize：训练神经网络时上下文窗口的大小。

  √ negativeSamplingRate：负样本比例。

  √ embeddingDimension：节点嵌入的维度。

  √ Iterations：训练迭代次数。

  √ initialLearningRate：训练神经网络的学习率。

  √ minLearningRate：在训练期间降低学习率的下限。

  √ randomSeed：用于生成随机游走的种子值，用作神经网络的训练集。

  √ walkBufferSize：开始训练之前要完成的随机游走次数。

输出参数如下。

- nodeId：节点的 ID。

- embedding：Node2Vec 计算得到的节点嵌入。

下面展示 Node2Vec 算法进行节点嵌入的示例。采用 6.5 节中的例 6-53,该例子具有两个节点集:"人"节点集和"仪器"节点集,两个节点集通过 LIKES 关系连接,每个关系都从"人"节点开始,到"仪器"节点结束。

例 6-79 根据例 6-53 的图数据在内存中创建命名图。

```
CALL gds.graph.project('myGraph15', ['Person', 'Instrument'], 'LIKES');
```

例 6-80 在例 6-79 的命名图上,执行 Node2Vec 算法进行节点嵌入。

```
CALL gds.beta.node2vec.stream('myGraph15', {embeddingDimension: 2})
YIELD nodeId, embedding
RETURN nodeId, gds.util.asNode(nodeId).name AS name, embedding
```

执行结果如表 6-45 所示,每个节点都有一个对应的嵌入向量,向量维度是 2。

表 6-45 例 6-80 执行结果

name	embedding
"Carol"	$[0.9515268206596375, 0.3680746853351593]$
"Dave"	$[-0.562812864780426, -0.7540085911750793]$
"Eve"	$[0.8671819567680359, -0.219634011387825]$
"Guitar"	$[-0.6128305792808533, 0.028357239440083504]$
"Synthesizer"	$[-0.7821134924888611, -0.8132137060165405]$
"Bongos"	$[0.8918395638465881, -0.22339437901973724]$
"Trumpet"	$[0.24469800293445587, 0.6036089658737183]$
"Alice"	$[-0.4786459803581238, -0.12817345559597015]$

6.8 本章小结

图数据科学(Graph Data Science,GDS)是一个包括多种图数据分析的算法库,能够对各类图数据(如有向图、无向图、加权图等)进行分析,且还在不断地丰富。本章主要介绍了路径查找、中心度、社区发现、节点相似度、链接预测和节点嵌入算法,并结合实例对这些算法的使用方法进行了详细介绍,根据这些实例,用户能够更快地学习 GDS 算法库,对自己构建的图数据进行分析。

6.9 习 题

1. GDS 算法库提供了哪些类型的图分析算法?

2. GDS 算法库所创建的命名图有什么作用,它是如何存储的?

3. GDS 算法库提供了哪些路径查找算法,它们各自应用于什么情况?

4. 简述节点中心度的概念,GDS 算法库提供了哪些中心度算法?

5. 简述社区发现的概念,GDS 算法库提供的 LPA 算法的原理是什么?

6. 简述链接预测的概念,哪些问题可以用链接预测解决?

7. 简述节点嵌入的概念,通过节点嵌入能够为图数据分析提供什么支持?

8. 创建一个小型学术知识图谱,包含学者节点、论文实体以及它们之间的关系,使用 GDS 算法库进行学者间合作关系发现、社团划分研究和学者相似度分析。

NoSQL 数据库的安装

Docker 是当前开源领域的应用容器引擎,能够方便地打包开发者的应用程序到一个可移植的容器中,然后发布到任何流行的 Linux 机器上,实现计算资源虚拟化。为了更便捷地安装和操作多种 NoSQL 数据库,本章介绍如何在 Docker 容器中安装 NoSQL 数据库:首先介绍 Docker 基本概念、Docker 安装方法,然后分别介绍在 Docker 容器上安装 Redis、MongoDB、Cassandra 和 Neo4j 四种 NoSQL 数据库的过程。在学习 NoSQL 数据库之前,建议利用本章提供的内容安装好相应的数据库,当然读者也可以参考互联网的相关资料完成安装。

7.1 安装 Docker 容器

7.1.1 Docker 容器概念

Docker 是一个开源的应用容器引擎,完全使用沙箱机制,相互之间不会有任何接口,且容器性能开销极低。Docker 通过进程和进程通信对操作系统的文件资源和网络进行隔离,实现了文件资源、系统资源以及网络资源的创建和管理。每个容器都有一个唯一的进程,当该进程结束的时候,容器也会完全停止。

Docker 的基本概念如下。

(1) 镜像(Image):为容器运行提供所需的程序、库、资料、配置等文件,还包括一些配置参数。例如,操作系统分为内核与用户空间,内核启动后,会挂载 root 文件系统为其提供用户空间支持,因而镜像类似于一个 root 文件系统。

(2) 容器(Container):镜像和容器的关系,类似于面向对象程序设计中的类和实例。镜像是静态的定义,容器是镜像运行时的实体。容器可以被创建、启动、停止、删除、暂停等。

(3) 仓库(Repository):每个仓库可以包含多个标签(Tag),每个标签对应一个镜像。

(4) 客户端(Client):客户端通过命令行或者其他工具使用 Docker SDK 与 Docker 的守护进程通信。

(5) 主机(Host):一个物理或者虚拟的主机用于执行 Docker 守护进程和容器。

(6) 注册服务器(Registry):一个注册服务器可以包含多个仓库,为仓库提供服务。

(7) 集线器(Docker Hub):集线器是社区分享 Docker 镜像的网站,上面有很多 Docker 镜像,如 Redis、MongoDB 官方镜像等,可以从集线器上下载这些镜像,也可以在上面分享你自己的镜像。

Docker 容器体系结构如图 7-1 所示。

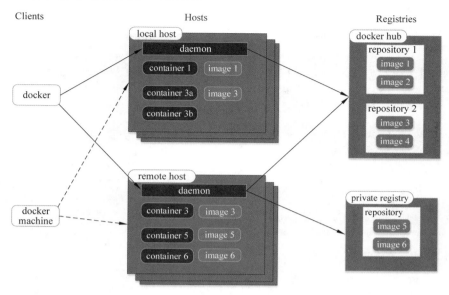

图 7-1　Docker 容器体系结构

7.1.2　在 Linux 上安装 Docker

下面以 Ubuntu 版本为例,说明在 Linux 操作系统上安装 Docker 的方法。具体包括三种安装方法:官方脚本安装、手动安装和 Shell 脚本安装。

1. 官方脚本安装

安装命令如下。

```
curl -fsSL https://get.docker.com | bash -s docker --mirror Aliyun
```

也可以使用国内 daocloud 一键安装命令:

```
curl -sSL https://get.daocloud.io/docker | sh
```

2. 手动安装

1) 卸载旧版本

Docker 的旧版本被称为 docker、docker.io 或 docker-engine,如果已安装旧版本,在安装新版本之前需要卸载掉。

```
$ sudo apt-get remove docker docker-engine docker.io containerd runc
```

2) 使用 Docker 仓库安装

在安装 Docker Engine-Community 之前,需要设置 Docker 仓库,然后从仓库安装和更新 Docker。

3）设置仓库

更新 apt 包索引：

```
$ sudo apt-get update
```

安装 apt 依赖包，用于通过 HTTPS 获取仓库：

```
$ sudo apt-get install \
  apt-transport-https \
  ca-certificates \
  curl \
  gnupg-agent \
  software-properties-common
```

添加 Docker 的官方 GPG 密钥：

```
$ curl -fsSL https://mirrors.ustc.edu.cn/docker-ce/linux/ubuntu/gpg | sudo apt
-key add -
```

9DC8 5822 9FC7 DD38 854A E2D8 8D81 803C 0EBF CD88 通过搜索指纹的后 8 个字符，验证现在是否拥有带有指纹的密钥：

```
$ sudo apt-key fingerprint 0EBFCD88
pub   rsa4096 2017-02-22 [SCEA]
9DC8 5822 9FC7 DD38 854A E2D8 8D81 803C 0EBF CD88
uid   [ unknown] Docker Release (CE deb) docker@docker.com
sub   rsa4096 2017-02-22 [S]
```

使用以下指令设置稳定版仓库：

```
$ sudo add-apt-repository \
  "deb [arch=amd64] https://mirrors.ustc.edu.cn/docker-ce/linux/ubuntu/ \
  $(lsb_release -cs) \
  stable"
```

4）安装 Docker Engine-Community

更新 apt 包索引：

```
$ sudo apt-get update
```

安装最新版本的 Docker Engine-Community 和 containerd，或者转到下一步安装特定版本：

```
$ sudo apt-get install docker-ce docker-ce-cli containerd.io
```

要安装特定版本的 Docker Engine-Community,请在仓库中列出可用版本,然后选择一种安装。列出仓库中可用的版本:

```
$ apt-cache madison docker-ce
```

安装特定版本:

```
$ sudo apt-get install docker-ce=<VERSION_STRING> docker-ce-cli=<VERSION_STRING>containerd.io
```

测试 Docker 是否安装成功,输入以下命令,打印提示安装成功的信息:

```
$ sudo docker run hello-worldU
```

3. Shell 脚本安装

Docker 在 get.docker.com 和 test.docker.com 上提供了 Shell 脚本,用于快速安装 Docker Engine-Community 的正式版本和测试版本。

脚本过程需要运行 root 或具有 sudo 权限,以安装正式版本为例:

```
$ curl -fsSL https://get.docker.com -o get-docker.sh
$ sudo sh get-docker.sh
```

如果要使用 Docker 作为非 root 用户,则应考虑使用类似以下方式将用户添加到 docker 组:

```
$ sudo usermod -aG docker your-user
```

4. 卸载 Docker

删除安装包:

```
sudo apt-get purge docker-ce
```

删除镜像、容器、配置文件等内容:

```
sudo rm -rf /var/lib/docker
```

7.1.3　在 Windows 上安装 Docker

Docker 必须部署在 Linux 操作系统上。如果要在其他操作系统上部署 Docker,就必须安装一个虚拟 Linux 环境。在 Windows 上部署 Docker 的方法都是先安装一个虚拟机,并在安装 Linux 系统的虚拟机中安装 Docker,下面以 Windows 7/8 和 Windows 10 为例,介绍安装 Docker 的方法。

1. 在 Windows 7/8 系统中安装 Docker

Windows 7/8 等需要利用 Docker Toolbox 工具集来安装，主要包含以下内容。
- Docker CLI：客户端，用来运行 Docker 引擎创建镜像和容器。
- Docker Machine：用来在 Windows 的命令行中运行 Docker 引擎命令。
- Docker Compose：用来运行 docker-compose 命令。
- Kitematic：这是 Docker 的 GUI 版本。
- Docker QuickStart Shell：一个已经配置好 Docker 的命令行环境。
- Oracle VM Virtualbox：虚拟机。

下载 Docker Toolbox：

在阿里云的镜像上下载 Docker Toolbox，下载地址为

```
http://mirrors.aliyun.com/docker-toolbox/windows/docker-toolbox/
```

双击运行下载的安装包，勾选需要的组件，单击"Next"按钮，如图 7-2 所示。

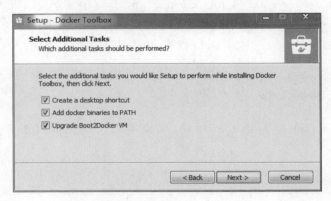

图 7-2　安装 Docker Toolbox

安装成功后，桌面上会出现包括 Docker QuickStart 在内的三个图标，如图 7-3 所示。

图 7-3　安装 Docker Toolbox 成功

单击 Docker QuickStart 图标启动 Docker Toolbox 终端。如图 7-4 所示，Docker Toolbox 终端启动成功。

若出现了 $ 符号，则可以输入以下命令查看 Docker 版本（见图 7-5）。

```
$docker version
```

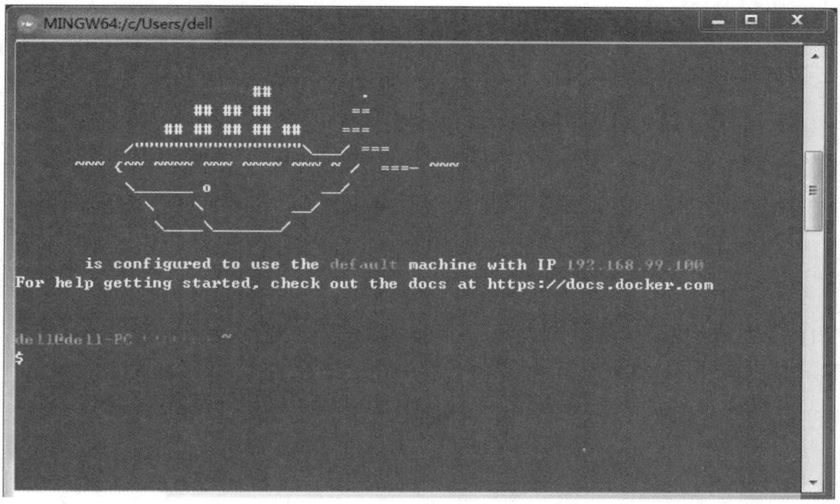

图 7-4 启动 Docker Toolbox 终端

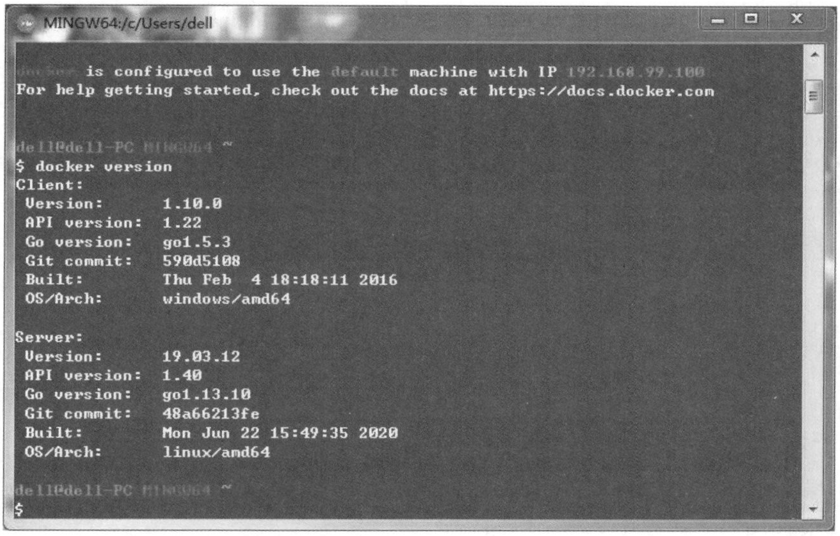

图 7-5 查看 Docker 版本

2. 在 Windows 10 系统中安装 Docker

Docker Desktop 是 Docker 在 Windows 10 操作系统上的官方安装方式,这个方法依然需要先在虚拟机中安装 Linux,然后再安装 Docker。Docker Desktop 的官方下载地址为

```
https://hub.docker.com/editions/community/docker-ce-desktop-windows
```

1)安装虚拟机

Hyper-V 是微软开发的虚拟机,类似于 VMware 或 VirtualBox,仅适用于 Windows 10,它是 Docker Desktop for Windows 所使用的虚拟机。

2）开启 Hyper-V

右击"Windows 图标"，从弹出的快捷菜单中选择"应用和功能"，在"相关设置"一栏选择"程序和功能"，在弹出的窗体中再单击"启用或关闭 Windows 功能"，在新弹出的窗口中选中 Hyper-V。

也可以通过命令启用 Hyper-V。右击"开始"菜单，并以管理员身份运行 PowerShell，执行以下命令：

```
$ Enable-WindowsOptionalFeature -Online -FeatureName Microsoft-Hyper-V -All
```

3）安装 Docker Desktop for Windows

链接网站为 https：//hub.docker.com/? overlay＝onboarding，下载 Windows 的版本，如果没有注册，需要先注册一个账号，然后登录。

双击下载的 Docker for Windows Installer 安装文件，按照默认选项单击 Next 按钮，最后单击 Finish 按钮完成安装，如图 7-6 所示。

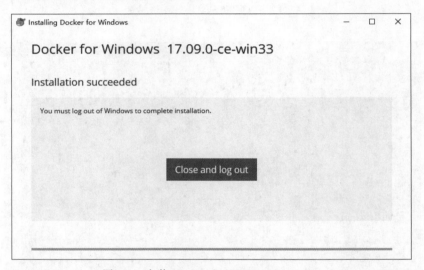

图 7-6　安装 Docker for Windows Installer

安装完成后，Docker 会自动启动，通知栏上会出现小鲸鱼的图标，这表示 Docker 正在运行。

安装之后，可以打开 PowerShell 并运行以下命令检测是否运行成功：

```
$ docker run hello-world
```

7.2　安装 Redis 键值数据库

Redis 是一个常用的键值数据库，下面是在 Docker 容器中安装 Redis 键值数据库的过程。

1. 查看可用 Redis 版本

通过浏览器访问 Redis 的镜像网址为 https://hub.docker.com/_/redis? tab＝tags,可使用 Sort by 查看其他版本的 Redis(见图 7-7),默认是最新版本 redis:latest,在下拉列表中可以找到其他版本。

图 7-7　查看 Redis 版本

此外,还可以使用以下命令查看可用版本:

```
$ docker search redis
```

2. 获取最新版镜像

拉取官方的最新版 Redis 镜像(见图 7-8):

```
$ docker pull redis:latest
```

3. 查看本地镜像

使用以下命令查看是否已安装了 Redis(见图 7-9):

```
$ docker images
```

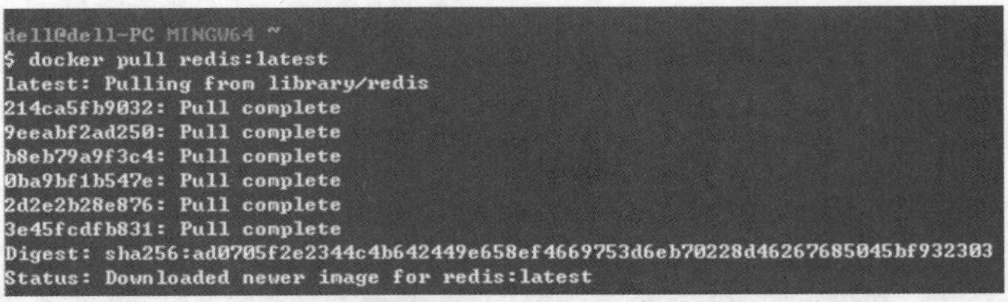

图 7-8　拉取 Redis 镜像

图 7-9　查看 Redis 本地镜像

4. 运行 Redis 容器

安装完成后，可以使用以下命令运行 Redis 容器：

```
$ docker run -itd --name redis-test -p 6379:6379 redis
```

参数说明如下。

-p 6379∶6379：映射容器服务的 6379 端口到宿主机的 6379 端口。外部可以直接通过宿主机 ip:6379 访问 Redis 的服务。

5. 启用 Redis 服务器

通过 redis-cli 启用 Redis 服务，其中选项-raw 表示支持汉字。

```
$ docker exec -it redis-cli--raw
```

7.3　安装 MongoDB 文档数据库

MongoDB 是一个文档数据系统，下面是在 Docker 容器中安装 MongoDB 文档数据库的过程。

1. 查看 MongoDB 版本

通过 https://hub.docker.com/_/mongo? tab＝tags&page＝1 访问 MongoDB 镜像，

可以通过 Sort by 查看其他版本的 MongoDB(见图 7-10)，默认是最新版本 mongo:latest，还可以在下拉列表中找到其他版本。

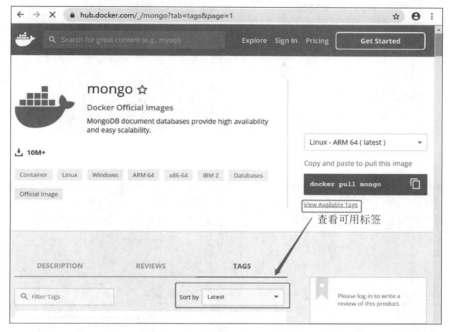

图 7-10　查看 MongoDB 版本

此外，也可以用 docker search mongo 命令查看可用版本：

```
$ docker search mongo
```

2. 拉取最新版 MongoDB 镜像

拉取官方最新版的 MongoDB 镜像(见图 7-11)：

```
$ docker pull mongo:latest
```

3. 查看本地镜像

使用以下命令查看是否已安装了 MongoDB，如图 7-12 所示。

```
$ docker images
```

4. 运行 MongoDB

安装完成后，可以使用以下命令运行 MongoDB 容器：

```
$ docker run -itd --name mongo -p 27017:27017 mongo --auth
```

```
dell@dell-PC MINGW64 ~
$ docker pull mongo:latest
latest: Pulling from library/mongo

d5fd17ec1767: Pull complete
b2c91407ff49: Pull complete
05bd3555a96c: Pull complete
49fe477b9b26: Pull complete
61c30709c846: Pull complete
0c74ee88dd5a: Pull complete
77b48c757eb5: Pull complete
8aecb2f59c4d: Pull complete
6a1aab21c2a9: Pull complete
e53674bec5aa: Pull complete
Digest: sha256:82a55eb6d60997007ff390087d4e064218d477e9611a7becd78664a2ab490eff
Status: Downloaded newer image for mongo:latest
```

图 7-11　拉取 MongoDB 镜像

```
dell@dell-PC MINGW64 ~
$ docker images
REPOSITORY          TAG                 IMAGE ID            CREATED
SIZE
redis               latest              1ca2c2a1b554        9 days ago
116.8 MB
redis               <none>              1ca2c2a1b554        9 days ago
116.8 MB
mongo               latest              27dd1be4bed1        3 weeks ago
700.2 MB
mongo               <none>              27dd1be4bed1        3 weeks ago
700.2 MB
hello-world         latest              feb5d9fea6a5        7 months ago
13.26 kB
hello-world         <none>              feb5d9fea6a5        7 months ago
13.26 kB
```

图 7-12　查看 MongoDB 本地镜像

参数说明如下。

- **—p 27017:27017**：映射容器服务的 27017 端口到宿主机的 27017 端口。外部可以直接通过宿主机 ip:27017 访问到 MongoDB 的服务。
- **--auth**：需要密码才能访问容器服务。

5. 连接 MongoDB 数据库

MongoDB 安装完成后，默认不需要输入用户名、密码即可登录，但是往往出于安全性的考虑而设置用户名、密码。首先以 admin 用户身份连接 MongoDB 数据库，并进行身份认证。

```
$docker exec -it mongo mongo admin
>db.auth('admin', '123456')
```

创建一个 test 新数据库，再创建一个 root 管理员账号，密码为 123456。

```
>use test
>db.createUser({ user:'root',pwd:'123456',roles:[
  { role:'userAdminAnyDatabase', db: 'test'},"readWriteAnyDatabase"]});
```

切换到所创建的数据库 test,使用创建的账号进行认证,并建立连接。

```
>use test
>db.auth('root', '123456')
```

7.4　安装 Cassandra 列族数据库

Cassandra 是一个列族数据库系统,下面是在 Docker 容器中安装 Cassandra 的过程。

1. 拉取 Cassandra 镜像(见图 7-13)

```
$docker pull cassandra
```

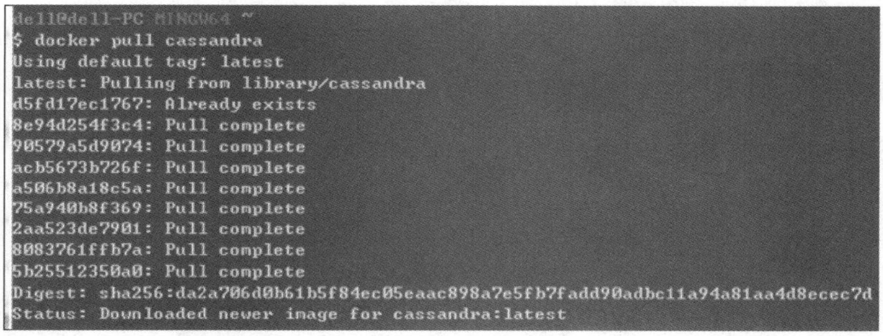

图 7-13　拉取 Cassandra 镜像

2. 创建 Docker network

```
$docker network create [OPTIONS] NETWORK
```

其中,options 参数如下所示,没有这些参数时网络默认采用桥接网络,会建立一个 bridge 和一个 host 的网络。

- --attachable:启用手动容器附件。
- --aux-address:网络驱动程序使用的辅助 IPv4 或 IPv6 地址。
- --config-from:从中复制配置的网络。
- --config-only:创建仅配置网络。
- --driver 或--d:默认值是 bridge,管理网络的驱动程序。
- --gateway:主子网的 IPv4 或 IPv6 网关。

3. 创建 Cassandra 容器

```
$docker run --name some-cassandra --network some-network -d cassandra:tag
```

其中,some-cassandra 换成想命名的容器名,some-network 换成刚才创建的 network,tag 注明 Cassandra 的版本号,默认安装换成 latest 即可。

4. 连接 Cassandra

```
$docker run -it --network some-network --rm cassandra cqlsh some-cassandra
cqlsh>
```

7.5　安装 Neo4j 图数据库

Neo4j 是一个基于属性模型的图数据库,下面是在 Docker 容器中安装 Neo4j 数据库的过程。

1. 拉取 Neo4j 镜像

输入以下命令,从镜像源中找到合适的镜像:

```
$docker search neo4j
```

拉取 Neo4j 镜像(见图 7-14):

```
$docker pull neo4j(:版本号)        //缺省":版本号"时默认安装 latest 版本
```

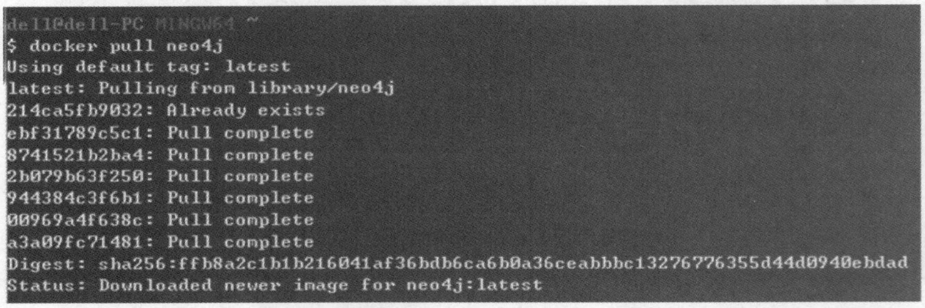

```
dell@dell-PC MINGW64 ~
$ docker pull neo4j
Using default tag: latest
latest: Pulling from library/neo4j
214ca5fb9032: Already exists
ebf31789c5c1: Pull complete
8741521b2ba4: Pull complete
2b079b63f250: Pull complete
944384c3f6b1: Pull complete
00969a4f638c: Pull complete
a3a09fc71481: Pull complete
Digest: sha256:ffb8a2c1b1b216041af36bdb6ca6b0a36ceabbbc13276776355d44d0940ebdad
Status: Downloaded newer image for neo4j:latest
```

图 7-14　拉取 Neo4j 镜像

查看 Neo4j 本地镜像(见图 7-15),检验是否拉取成功:

```
$docker images
```

2. 创建 Neo4j 容器

在根目录的任意一个子目录(这里是/home)下先建立四个基本的文件夹:
- data——存放数据的文件夹。
- logs——运行日志的文件夹。
- conf——数据库配置文件夹(在配置文件 neo4j.conf 中配置包括开放远程连接、设置默认激活的数据库)。
- import——为了大批量导入 CSV 文件来构建数据库,需要导入的节点文件 nodes.

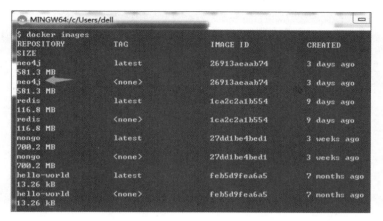

图 7-15　查看 Neo4j 本地镜像

csv 和关系文件 rel.csv 要放到这个文件夹下。

然后输入以下命令，创建 Neo4j 容器：

```
$ docker run -d
--name container_name \
-p 7474:7474 -p 7687:7687 \
-v /home/neo4j/data:/data \
-v /home/neo4j/logs:/logs \
-v /home/neo4j/conf:/var/lib/neo4j/conf \
-v /home/neo4j/import:/var/lib/neo4j/import \
--env NEO4J_AUTH=neo4j/password
--neo4j \
```

参数说明如下。

- -d：表示容器后台运行。
- --name container_name：指定容器的名字。
- -p 7474:7474 -p 7687:7687：映射容器的端口号到宿主机的端口号。
- -v /home/neo4j/data:/data：把容器内的数据目录挂载到宿主机的对应目录下。
- -v /home/neo4j/logs:/logs：挂载日志目录。
- -v /home/neo4j/conf:/var/lib/neo4j/conf：挂载配置目录。
- -v /home/neo4j/import:/var/lib/neo4j/import：挂载数据导入目录。
- --env NEO4J_AUTH＝neo4j/password：设定数据库的名字的访问密码。
- neo4j：指定使用的镜像。

执行上述命令，在后台启动 Neo4j 容器，在宿主机的浏览器中输入以下网址：

```
localhost: 7474
```

打开 Neo4j 首页，在首页中输入用户名和密码就能登录到数据库，如图 7-16 所示。

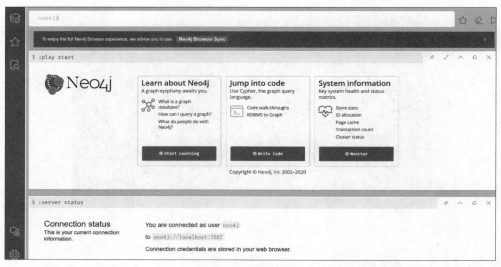

图 7-16　Neo4j 运行界面

3. 配置 Neo4j

上述方式启动的 Neo4j 是按照默认配置进行启动的,而默认的数据库配置是不允许远程登录的,所以对默认配置进行一些改变,具体改变如下。

```
$ cd /home/neo4j/conf          // 进入容器配置目录,挂载在宿主机的对应目录
$ vim neo4j.conf               // vim 编辑器打开 neo4j.conf
// 进行以下更改
//在文件配置末尾添加这一行
dbms.connectors.default_listen_address=0.0.0.0
//指定连接器的默认监听 IP 为 0.0.0.0,即允许任何 IP 连接到数据库
dbms.connector.bolt.listen_address=0.0.0.0:7687
//取消注释并把对 bolt 请求的监听"地址:端口"改为"0.0.0.0:7687"
dbms.connector.http.listen_address=0.0.0.0:7474
//取消注释并把对 http 请求的监听"地址:端口"改为"0.0.0.0:7474"
```

保存后退出,重启 Neo4j 容器:

```
$ docker restart 容器 ID(或者容器名)
```

参 考 文 献

[1] 王爱国,许桂秋,曾静. NoSQL 数据库原理与应用[M].北京：人民邮电出版社,2019.

[2] 张帜,庞国明,胡佳辉,等. Neo4j 权威指南[M]. 北京：清华大学出版社,2017.

[3] 皮熊军. NoSQL 数据库技术实战[M]. 北京：清华大学出版社,2015.

[4] 柳俊,周苏. 大数据存储：从 SQL 到 NoSQL[M]. 北京：清华大学出版社,2021.

[5] Sullivan D. NoSQL 实践指南：基本原则、设计准则及实用技巧[M].爱飞翔,译. 北京：机械工业出版社,2016.

[6] McCreary D,Kelly A. 解读 NoSQL[M].范东来,滕雨樘,译. 北京：人民邮电出版社,2016.

[7] 程显峰. MongDB 权威指南[M]. 北京：人民邮电出版社,2011.

[8] 程学旗,靳小龙,王元卓,等.大数据系统和分析技术综述[J]. 软件学报,2014,25(9):1889-1908.

[9] 王鑫,邹磊,王朝坤,等. 知识图谱数据管理研究综述[J]. 软件学报,2019,30(7):36.